梦想

对生命的认同

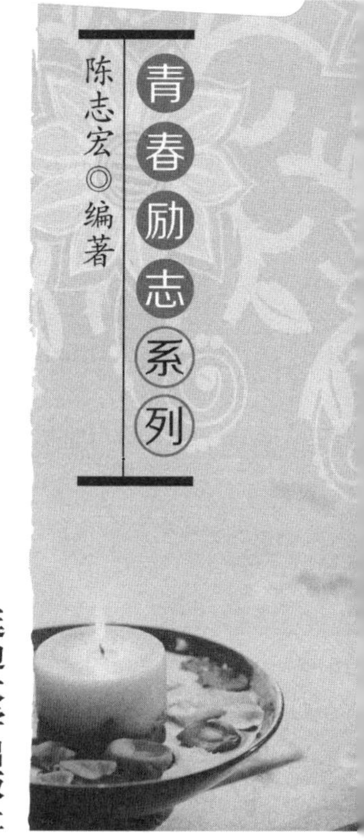

延边大学出版社

图书在版编目（CIP）数据

梦想：对生命的认同 / 陈志宏编著 . — 延吉：
延边大学出版社，2012.6（2021.10 重印）
（青春励志）
ISBN 978-7-5634-4871-5

Ⅰ.①梦… Ⅱ.①陈… Ⅲ.①成功心理—青年读物
Ⅳ.① B848.4-49

中国版本图书馆 CIP 数据核字 (2012) 第 115493 号

梦想：对生命的认同

编　　著：陈志宏
责任编辑：林景浩
封面设计：映像视觉
出版发行：延边大学出版社
社　　址：吉林省延吉市公园路 977 号　邮编：133002
电　　话：0433-2732435　传真：0433-2732434
网　　址：http://www.ydcbs.com
印　　刷：三河市同力彩印有限公司
开　　本：16K　165 毫米 ×230 毫米
印　　张：12 印张
字　　数：200 千字
版　　次：2012 年 6 月第 1 版
印　　次：2021 年 10 月第 3 次印刷
书　　号：ISBN 978-7-5634-4871-5
定　　价：38.00 元

前言

有人说，生命是静止的，宁静以致远，就像那千年的神龟，静静地守候着千年不老的神话；有人说，生命是灵动的，运动的生命力最旺盛，就像那转动的户枢，经常转动永远不会被蛀虫腐蚀。事实上，生命是免不了有苍白沧桑的，犹如一张白纸免不了会被污水玷污一般，需要五彩斑斓的梦想将其点燃。而那些璀璨的梦想，就是我们对生命价值的认同。

没有梦想的人生一定是苍白无力的。只有有了梦想，并奉献出自己的一生为之奋斗，才能不断充实自我的人生。也只有这样，我们才会离梦想越来越近。当功成名就之时，当梦想变成现实之时，我们的精神境界也会得到提升，生命的价值才能得以实现。这样的人生，将不再是碌碌无为的人生。走在实现梦想的道路上，你才是一个胜利者，一个成功者，才是真正登上“珠穆朗玛峰”的人，才会满眼星光，迎着朝阳唱凯歌。

每个人都是被上帝咬了一口的苹果，没有哪个个体是完美无缺的。有的人拥有智慧却少了美貌；有的人有了美貌却少了背景；有的人有了背景却少了才干……总之，每个人都有自己不如意的一面，更有的人可能会无端地遭受身体的伤痛与残疾。史铁生残缺了双腿，贝多芬双耳失明，张海迪终身都只能在轮椅上转动，史蒂芬·霍金更是只有几个指头能动。但是，

他们的生命之花却并没有因此而凋零：史铁生成了文学家，贝多芬成为音乐家，张海迪、史蒂芬·霍金更是卓尔不群，他们坚毅的品格和人格的美丽永远激励着人们努力前行。他们是不幸的，但不幸成了他们的晋升之梯，他们用不屈从于命运的梦想将生命描绘得五彩斑斓，是梦想点亮了他们不幸的生命，也是梦想，实现了世人对他们的生命的认同。他们的生命，也因此而精彩。

此书，通过一篇篇的美文启示人们：如果说人生是一首优美的乐曲，那么梦想就是必不可少的音符。有了梦想，人生才会精彩，才会更有价值、有目标。

目录

第一篇　享受生命的春光

第二篇　繁花只开给有梦的叶子

第三篇　爱是一根扯不断的绒线

第四篇　活着，就是一种莫大的幸福

第一篇

享受生命的春光

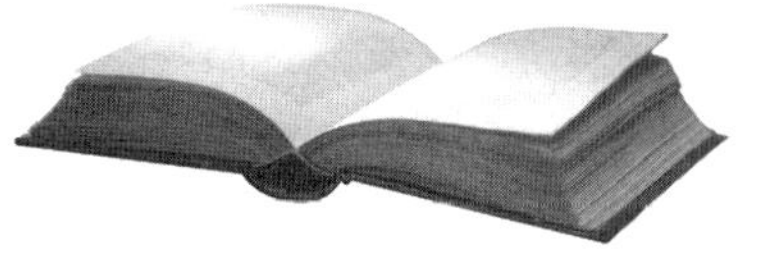

我矮小，我美丽

就像上帝故意欺负我似的，从小我就比同龄的孩子矮半截。刚上初三，就有男同学称我为根号2小姐（根号2约等于1．414）。

不得不承认，在很长的一段时间里，自卑、懦弱的影子总是笼罩着我。我不想参加班里的集体活动，也没有人愿意做我的知己朋友，我感到孤独、压抑和寂寞。直到班主任老师送给我《简·爱》中的一句话，我的生活才改变了模样。那句话是这样说的："你以为我贫穷、卑微、瘦小，我就没有灵魂、没有心吗？你想错了……"

因为矮小，每天早晨我都先于别人来到教室，替值日生扫净地面，整理好桌椅，然后大声读书。对于每一节课的内容，我都精心听记，认真复习。我把课本当成最好的朋友，从中寻找快乐。因此，我试卷上的成绩常叫人眼红，我得到的奖状也总比别人多。一次，有个同学问我，你哪来那么大的劲头呢？我说，别人可以忽略我的存在，我怎么能再忽略自己！

因为矮小，我从不为没有一头乌黑亮丽的长发而苦恼，也不用担心有男生的"纸条"来干扰我平静的生活。我不像有的女孩子努力追求前卫、新潮、扮酷，我崇尚朴素、自然、本真。我不需要模仿谁，我有我的个性，我就是我。

因为矮小，我常独自漫步于我所喜爱的地方：铺满月华的操场，清清河水的岸边，松软青葱的草坪……我喜欢在心中与那些美丽的景色对话，它们引导我感受生活的诗意和美好。

因为矮小，我能陪一盏孤灯到深夜。摊开令我痴迷的《飘》、《简·爱》……让我的思想在那些或轻灵飘逸、或深刻隽永的字里行间流连忘返。像是个极度口渴的人遇到一眼又一眼清冽的甘泉，它们给我以涵养，赐我以力量，我的内心日渐充实。

因为矮小，我让手中的笔耕耘不停，描绘大千世界的五彩缤纷，记录成长过程的酸甜苦辣，小到一花一草，大到国家大事，都被融入笔端。我已有多篇文章发表在不同的报刊上，有的还获得了大奖。记得一本书上有这样的一句话：矮小与丑陋都不是自己的错，重要的是应该对生活永远存一份感激之心。因此我经常大声地对自己说："我矮小，我美丽；我美丽，我自豪。"

心灵感悟

老天是公平的，如果他让你缺失了一种天性，就会弥补给你另一种技能。矮小的"我"并没有因为身形而自卑，相反让"我"体会到了学习生活的另一种快乐：有更多的时间来回味自我，涉足文学殿堂，用笔耕耘自己的世界。古人云：不以物喜，不以己悲。文中的主人公从自身的缺点中读出了自信和个性，读出了感激之情，那么，你呢？对于自己不如意的地方，你又读出了什么呢？

6公里

我们住在加利福尼亚蒙特雷半岛的雾霭笼罩着的海边，交通十分不便。这里的道路两旁惊涛拍岸、峭岩高耸，虽然景色壮丽、引人入胜，但是却没有便捷的交通通道。要去北面的旧金山，得先上老的海岸公路，然后拐上101号多车道高速公路，如果天气好、交通通畅的话，可以顺利地到达目的地，但如果赶上天气不好、道路阻塞，就会把人急疯了。

最让我担心的是一段由两条小道改成的狭窄的双行道。在我儿时的美国南部，这种小道通常被称为"牛道"，因为这上面总是缓缓蠕动着一些农用车辆。

我的丈夫兰迪曾经告诉我：道路和人一样也有个性，这取决于在特定的时期你如何看待它们，感知它们。兰迪是一名运动员，体魄健壮，意志坚强。他担任中学的篮球教练，热爱自己的球队，潜心训练球员。他还是一位马拉松运动员，能一口气跑数公里而不感到疲倦。在25年的执教生涯中他极少生病，但是后来他突然患上了癌症。

于是我们在另一条跑道上展开了另一种竞赛——为期4年的马拉松赛：我们奔波于家与斯坦福大学医疗中心之间，为了给兰迪做诊断、化疗、紧急救护。

去医院必须经过这些让人不堪忍受的路程——150公里，2个小时。我

的憎恶之情与日俱增，我尤其憎恶那段拥挤不堪的瓶颈式的双车道。

兰迪从来没有抱怨过。他的健康状况每况愈下，我想绕过这段“牛道”以缩短我们去医院的行程。我花了数小时查找地图，并把车开到离“牛道”数公里远的地方尝试绕过它，结果一无所获。我别无选择，只能经过这条道，可是我对它深恶痛绝。所以，当我的丈夫被注射吗啡睡在车上时，我紧咬牙关，死死握着方向盘，肺都快气炸了。

有一次，我们赶赴一个约会时被堵在了道上，确信兰迪已经睡着了，我低声嘟哝道:“我恨这条该死的路。”

“只有6公里。”他说。

我转过身去，他的眼睛却是闭着的。

“你说什么？”我问道。

“这段路只有6公里长，”他的声音很平静，好像对学生一样循循善诱，“没什么大不了的。在这6公里路程中你可以做任何事。”

我看了一下计程表。他说得很对，6公里整。我却感觉它足有30公里。

突然觉得车开起来轻松多了。

6公里是易接受的。这是我们晚上步行到海边往返的距离；是他经常背着孩子攀登的那条山路长度的一半；是到我们和孩子们玩传球游戏的那个公园的4倍距离；是他在大瑟尔国际马拉松赛上跑过的42公里中的一小段。6公里真的没什么，尤其是在他只有几个月的弥留时间的时候，牢骚和愤怒真是不明智的事，所以我停止了抱怨。

在去医院的路上，大多数时间他的眼睛是闭着的，我的眼睛却是睁着的。我开始真正用眼睛去看：绿色的田野有时在太阳下闪光，有时却消隐在浓雾之中；道路两旁摆放着成筐成筐的草莓和玫瑰，破旧的小屋倒映在布满水藻、苍翠葱郁的池塘里，一匹已不能自由驰骋的老白马，羡慕地注视着大道上飞驰而去的汽车。

这些景色一直在那儿，只不过以前我从未注意。兰迪教会了我如何去欣赏它们。失去一个最爱的人能让人心碎，却往往也能让人开启眼睛。

现在当这条路拥挤不堪、漫长而难行时，我会在心里将它分解成小段。我会把它切割成若干个6公里的路段。其实，你可以把任何事情分割成6公里，而且沿途你会发现惊喜多多、风光无限。

心灵感悟

就算一条再破的路，也有值得一看的风景，问题的关键在于你如何看待它。

葡萄熟了

阿尔福雷德17岁那年在一次事故中双目失明了。此前，他是大学里的高材生，是校队出色的棒球手，是女生们青睐的美少年。可是，这一切都随着突如其来的黑暗消失了。他无法面对这样的打击，他将自己封闭在屋子里，拒绝与外界往来。

阿尔福雷德住在格拉夫的教母知道他的近况后，立即邀请他到乡下来散心。

格拉夫是法国著名的葡萄酒产区，阿尔福雷德的教母就住在一大片葡萄园边上。到格拉夫后，阿尔福雷德的心境并没有随着田园风情转好。他每天都独自闷闷不乐地窝在教母家门口的躺椅上。一个礼拜六的午后，正当阿尔福雷德昏昏欲睡时，一个稚气的女声在他身后响起："嗨，你好，你就是那个新来的英国人吗？你真的什么也看不见？"阿尔福雷德没有吭声，每当有人向他问起这些，他的心里都会划过一种难言的刺痛，因为他能想到问话人那种无济于事的怜悯——哦，瞧他，真不幸！

但这次有点出乎意料，他听到轻微的脚步声走近了。接着，一只小手抓住他，又是那个稚嫩的声音："来，用手摸摸我的脸，这样就能知道我的模样了。"他的手被那只柔软的小手拉着轻轻按在了一张小脸上，能感觉出柔软的皮肤，圆圆的鼻子，还有，睫毛有点长，头发是蓬松的。阿尔福雷德不由问道："告诉我，你是谁呢？""我是黛尔。"那个声音回答说。

黛尔是教母邻居家的小女儿，刚满9岁，她父母经营着一个历史悠久的葡萄酒庄园。大概村子附近没有跟黛尔年龄相仿的玩伴，所以孤单的小女孩就瞄上了阿尔福雷德。起初，阿尔福雷德并不想跟黛尔有什么来往，因为生活已经让他够心烦的了。可黛尔并不在意他的冷淡，她总是"一相情愿"地缠着他。

一天，黛尔用带点讨好的口气对阿尔福雷德说：“我带你到我家的葡萄园里去玩好不好？”阿尔福雷德生硬地拒绝道：“不行。”“为什么呢？那里可漂亮了，葡萄已经熟了。”黛尔不解地问。阿尔福雷德才不管那里怎么样呢，他粗暴地打断她：“我是个瞎子，我又看不见什么鬼葡萄！”黛尔细声细气地说：“可是，可是我不是带你去看葡萄呀，你可以用手触摸，用鼻子闻，用嘴巴尝，还可以用耳朵……”“耳朵怎么啦？”“耳朵可以听见早晨的露水从葡萄叶子上落地的声音，很小的声音，用心才能听见。”

是啊，即便看不到美丽的景致，还有心可以去聆听、去感觉啊，阿尔福雷德慢慢伸出他的手，在黛尔的牵引下向葡萄园走去。

生活的滋味果真不是单凭眼睛去发现的，整个夏天，经常可以看到阿尔福雷德和黛尔在葡萄园的身影。漫山遍野种植着许多酿酒的优质葡萄，出身葡萄酒世家的黛尔引着阿尔福雷德尝遍了园子里的葡萄，娓娓地告诉他每一款葡萄的名字：梅乐、解百纳、品丽珠、赤霞珠、苏蔚浓、白麝香等，有时，小女孩还调皮地跑来跑去，摘一些葡萄放在他嘴里，让他猜那些葡萄的名字，这似乎成了他们闲逛时的一件乐事。

收获葡萄的时节到来了，村里人按传统要开启陈年的葡萄酒庆贺。在这个热闹的宴会上，热情善良的葡萄园主把第一杯酒献给了阿尔福雷德，他小心地啜了一小口，咂了咂嘴，随兴说道：“我感觉大概有一半比例的赤霞珠葡萄、三成的梅乐葡萄和两成左右的品丽珠葡萄，还有点醋栗的味道。”听了他的话，葡萄园主愣住了，因为他竟准确说出了那种葡萄酒的配方。过了片刻，又有一位客人换上另外一种酒请阿尔福雷德品尝，他同样准确说出了酿酒葡萄的比例。客人们接二连三地递给阿尔福雷德不同的葡萄酒，他居然屡试不爽。

这真是个奇迹，连阿尔福雷德自己也惊奇不已，但坐在一旁的黛尔并不感到特别，她明白其中的奥秘。小女孩不动声色地将自己面前的一小杯酒递给阿尔福雷德说：“你可不可以告诉我这杯酒里有些什么呢？”阿尔福雷德抿了一口，皱了皱眉头，又尝了一小口，然后笑着说道：“哦，由精选的苏蔚浓和白麝香葡萄合成的干白，这是你们庄园最好的酒，不过，恐怕有人刚才私下加了一点没有成熟的新鲜的塞蜜容葡萄汁，百分之八的比例。”黛尔顽皮地笑出声，她凑到阿尔福雷德耳朵边嘀咕道：“这是我们的酒，是我们的秘密，只有你能尝出来。”

冬天来临的时候，阿尔福雷德离开了格拉夫，他已经不再是那个因失明而变得阴郁乖戾的小伙子了，生活对于他有了新的目标，而这些全都依赖一个9岁的小女孩所赐。

回到英国后，阿尔福雷德很快在英国的品酒师圈里崭露头角。一个品酒师通常是用舌头判定味道，用鼻子品评芳香，用眼睛观察色泽，而阿尔福雷德却是用心，他不仅用心品出了酒的味道，而且用心品出了酒的色泽芳香，更重要的是，他用心品出了酒的质地，体会到了酒的境界和韵感。时光流转，他以出神入化的品酒技能逐渐成为声名远播的顶级品酒大师，许多新款葡萄酒一经他鉴定都销路大开。

10多年过去了，阿尔福雷德步入中年，在伦敦拥有了自己的葡萄酒鉴定公司。

一天，一位年轻的法国游客来到阿尔福雷德的公司，她还带着一款新制的葡萄酒，她坚持请阿尔福雷德本人鉴定。在二楼安静的品酒屋，阿尔福雷德将杯子里的酒放近鼻子嗅嗅，然后尝了一小口，他怔了怔，随即微笑道："由精选的苏蔚浓和白麝香合成，来自我一个朋友的葡萄酒庄园，而且还私下加了点新鲜的塞蜜容葡萄汁，百分之八的比例。这一次葡萄熟了，我想她也长大了。"来客爽朗大笑着拉住阿尔福雷德的手，像好多年以前那样抚在她的脸上——葡萄熟了，带着年轻稳定的柔顺气息。小女孩已经长大成人了，脸上还泛着阿尔福雷德看不见的羞涩红润。

心灵感悟

即便看不到美丽的景致，还有心可以去聆听、去感觉，人生的风景同样如此，只要用心，就能创造出美好未来。

紧抱生命之树

深情地抱住一棵树
感受树的生命
体会树的不凡
进入树的坚强
一旦化入树的整体

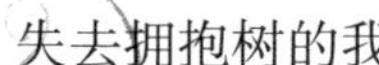

失去拥抱树的我
就会在树里
看见自己

在青岛的崂山，巧遇一棵茶花树。

茶花树的岁数已无从查考，听说至少有七八百岁。

只能以“伟大”、“非凡”来形容。这棵茶花树，有四层楼高，花开数以万计，使得整个庭院甚至整个天空，都是一片深红，美丽的深红。

所有的人为了看清整棵树，只好后退到墙边，仰望。

我走到茶花树下，靠近树干，轻轻地、敬仰地紧抱茶花树。那一刻，如同触电，茶花树把数百年的心情传到我的身上。我绕了一圈，又紧靠到树上去。

茶花树无言，却告诉我生命的无常，因为它看尽了王朝的兴衰起落。

茶花树无语，却告诉我每一次的风雨，只要经得起考验，就会变得更强大。

茶花树不动，却告诉我追求美之必要，它的岁月都是在开最美的茶花。

在崂山，茶花树还算是个婴儿，有许多树是唐宋时代就有的，还有几棵从汉朝到现在的老树。

祭拜之后，我一一去拜访老树，并深情地拥抱它们。

我从幼年时代就喜欢拥抱树木，在心情不佳、处境恶劣的时候，就会跑到离家不远的桃花心木林，拥抱那棵最高大的桃花心木。树的坚强与崇高抚慰了我：“安心吧！在你之前，有许多人心情比你更差，也有许多人处境比你更坏，他们不都熬过来了吗？我见过很多这样的人，你会渡过难关的。”

在城市里，周遭并没有大树，我种植了心灵的大树。那棵树也是饱经风霜和考验的，但它有鲜明的态度、正向的思维、坚强的意志，只要我闭起眼睛，贴近大树，一切的不如意，就风吹云散了。

我拥抱山林的大树，因为它们看尽了历朝历代人间的繁华与凄凉，可以使我们穿越一时一地的困境。

我拥抱心灵的大树，因为它经历了生命岁岁年年的暗淡或辉煌，使我们超越了一朝一夕的迷思。

我想起许多年前，在黄山的万峰之巅，靠在一棵老松的树干上，看着脚底的烟云风雾，内心感动莫名。这千年老松脚下竟无寸土，它是从石头

缝中生长的。

脚下无寸土，却能屹立千年，不只青松如此，历史上伟大的修行人、思想家、创造者，哪一个不是从万仞岗那毫无寸土的石头上生长起来的呢？

每个人的心中，都有这样一棵生命之树，不管它是生长在肥沃的土壤中，还是在贫瘠的沙石里，都能坚强地生长着、挺拔着，郁郁葱葱！

心灵感悟

现代人身处纷繁多变的世界，难免要面对五花八门的诱惑，接受各种各样的挑战，承担方方面面的责任，承受各种无法预知的挫折和压力，尤其是面对痛苦，许多时候不得不独自一人舔干心中的血，抚平身心的伤痕。那就请你拥抱一下生命之树吧，让它赋予你强大的力量，坚强而踏实地走好人生的每一步！

菊花太阳

去年冬天我的“伊人鲜花铺”开业不久，父亲因心脏下的血管破裂需要手术住进了市区的一家医院。

父亲所住的病房背阳，终日不见阳光。和父亲邻床的是一个小病号，听父亲说，小女孩儿的父母是乡下农民，小女孩儿患的是先天性心脏病，她的父母常常背着小女孩儿流泪叹息，他们不但愁小女孩儿的身体，还为昂贵的医疗费发愁，因为小女孩儿需要动一次心脏上的大手术，更何况她的这次住院费全是左邻右舍和她的老师、同学捐助的。小女孩9岁，头发枯黄得如秋后的野草，她的脸蜡黄得像一张陈年的旧报纸，唯一有神气的是她的眼睛，虽然双目深陷了许多，但满眼的童真不停地忽闪忽闪。小女孩儿很懂事，每天一早父母照看她吊液后就出去找杂活挣点生活费，小女孩儿从未哭闹着跟去，只是一人静静地躺在床上，翻看小画书，时间久了她就跟同病房的人拉话，还讲她看过的故事给大家听，父亲常常听得双眼含泪，不住地说：“多好的孩子，怎么得这病！”

从小女孩儿的脸上，我寻找不到她病着的痛苦，每天她的笑声洒满了病房，真是个天真无邪的孩子。

一天傍晚，病房里只剩下小女孩儿在静静地看画书，见我进来，她甜甜地冲我说一句："叔叔好！"没多久，她竟然仰起小脸认真地问我："叔叔，我会死吗？"一下子，我怔住了，良久才嗫嚅着说："怎……怎么会呢！"原来小女孩儿一切的无忧无虑全是装出来的，她的内心承受着多大的痛苦呀！我急忙转过身，双眼一热……

父亲手术后身体逐渐康复，我为父亲办理了出院手续，看见医院的清洁工正拎着七八只已凋谢的花篮往外走，我连忙走上前去，要下了那几只花篮，因为拔去谢花枯叶，花篮、花泥仍能再用。

我拎着花篮回到了病房，小女孩儿眼尖，一下子欣喜起来："这么多花！"我连忙说："花枯萎了，没用的！"小女孩儿听后惋惜地望着花篮，我找来一只纸箱，拔下篮中残花败叶准备扔掉，我刚欲离开，小女孩儿微声说："叔叔，我能挑几支花吗？"我一愣，尔后劝说："这花养不活了，想要叔叔明天带几朵新鲜的花给你！"小女孩儿没有听进我的劝说，最后从纸箱里拣出了9朵未完全凋零的菊花，她把花小心翼翼地放在床上，然后手忙脚乱地忙开了，洗罐头瓶，试着插花，足足忙了有20分钟后，她擦着额头的汗水让大家看，顿时，我们全瞪大了眼，窗台上背阳面的罐头瓶中被小女孩儿用9朵菊花插成了一个黄圈，她不无自豪地说："这是一轮菊花太阳，今后，我们不会再冷了！"一下子，我们的心中真的暖融融的，仿佛冬天的太阳正灿烂地照耀着整个病房，大伙不停地夸小女孩儿聪明，她不好意思幸福地笑了……

我被小女孩儿独特的构思惊呆了，禁止不住问她："小姑娘，你为什么只选了9朵菊花做太阳？"小女孩儿仍沉浸在幸福中，好久才回过神来回答我："叔叔，我见菊花还未完全凋谢，扔了怪可惜的，至于9朵吗？……我……"我一下子明白了小女孩儿的用心，我的内心被她震撼了……父亲出院的那天下午，正是小女孩儿手术的时间。一早我帮父亲整理物品，护士来给小女孩儿做手术前的抽血化验，小女孩儿的血管被扎了几次未能成功，急得她的父母不停地落泪，护士也不忍心再扎，小女孩儿双眼盈满了泪水，哭着对父母说："你们出去，让叔叔抱着我扎针！"小女孩儿的父母一步一回头离开了病房，我毫无理由拒绝一个9岁孩子手术前的求助，小女孩儿安静地躺在我的怀中，待抽完血后，她咬着我的耳朵说："叔叔，你能不能帮我在手术期间照顾好我的菊花太阳，病房里的爷爷奶奶需要它来暖心……"未等小女孩儿说完，我紧紧地搂着她，泪水滂沱，不住地点头。父亲离开病房时，小女孩儿进了手术房，父亲找不到更好的话语劝说小女孩儿的父母，只是老泪纵横地又看了一眼病房中的“菊花太阳”，尔后慢慢地走了。

第二天一早，我打开店门，看到花桶里热热闹闹地挤满了开得正艳的黄菊花，倏忽间，我想起了“菊花太阳”，急忙挑了9朵最好的菊花匆匆赶到医院，小女孩儿静静地躺在病床上，身上插了许多根输液管，她仍在昏迷中……

窗台上的“菊花太阳”已凋萎了一半，我连忙换上新菊花，按小女孩儿的模式又插了一个“菊花太阳”，我想要让小女孩儿一睁眼就看到她的“菊花太阳”依然灿烂地照耀着整个病房……好女孩儿，叔叔会让“菊花太阳”温暖你整个冬天的……

心灵感悟

孩子的想象是人类的一大奇观，注加孩子想象的祝福更让人感到软软地心疼。

牡丹花水

坐在从兰州开往敦煌的旅游车上，一路不停地喝水。问自己怎么会这么渴，回答竟是，焦渴的大戈壁传染给了我难耐的焦渴。

导游王小姐是个锦心绣口的人儿。在讲当地的风土人情的时候，她说：“你随便到一户人家做客，人家就会把你奉为上宾，用‘牡丹花水’沏的八宝茶来款待你……”我问邻座的燕子，什么叫“牡丹花水”？燕子说她也不清楚。我只好凭空猜测——仿佛就是，妙玉给宝玉、黛玉沏茶用的“梅花雪水”吧？从梅花的蕊上小心翼翼地收集点点细雪，融成一掬冰莹蚀骨的柔水。这“牡丹花水”，说不定就是采的牡丹花瓣上的露水雨水呢。这样想着，禁不住对那“牡丹花水”神往起来。

到了嘉峪关市，我们要用午餐。坐在餐桌边等着上菜的当儿，服务员来上茶了。导游王小姐笑着说：“虽说不是八宝茶，却是‘牡丹花水’，大家一路辛苦，请用茶吧！”我万分惊讶地站了起来，瞪大了眼睛看着就要亲口品尝到的“牡丹花水”。但是，不对呀！服务员居然拎了个寻常的铝壶，咕嘟嘟给大家倒着最寻常的茶水。我跟燕子嘀咕道："开玩笑，这哪里会是'牡丹花水'嘛!"燕子皱着眉头，一百个想不通的样子。终于，我忍无可忍地唤来了王小姐，问她："难道，这真的就是你所说的'牡丹花水'吗？"王小姐听罢噗地笑了。她盯着我问："你以为'牡丹花水'是什么神水仙水呀？'牡丹花水'是咱西北的老百姓对开水的一种形象叫法——你仔细观察过沸腾的水吗？在中心的位置，那翻滚着的部分，特别像一朵盛开的牡丹花。"

我"哦"了一声，双手捧住一只注满了"牡丹花水"的茶杯，眼与耳，顿时屏蔽了饭店中一切的嘈杂。

究竟是谁，在什么时候，怀着怎样的一种心情，给一壶滚沸的水起了这样一个俏丽无比的名字？世世代代，老天总忘了给这里捎来雨水。在茫茫的戈壁滩上，草活得那么苦，树活得那么苦，人活得那么苦。有一点浊水就很知足了，有一点冷水就很知足了，但是，一个幸运的容器，竟有幸装了沸腾的清水！幸福的人盯着那水贪婪地看，他（她）想，总得给这水一个昵称吧？叫什么好呢？抬头看一眼窗外，院里的牡丹花开得正好，那欣然释放着的繁丽生命，多像这壶中滚沸的水啊！——好了，就叫它"牡丹花水"吧。

我的心，在那一刻变得多么焦灼，竟恨不得立刻跑到饭店的操作间去看一眼从沸腾着的水的心中开出的那一朵世间最美丽、最独特的牡丹。这么久了，粗心的我一直忽略着身边最神奇的花开。我从一朵朵盛开的牡丹花旁走过，没有驻足，没有流连。是缺水的大西北给了我一个关乎水的珍贵提示，让我在此生一次平凡的啜饮中感受到了震撼生命的不平凡。

"牡丹花水"，"牡丹花水"，我反反复复默念着你的名字——一个让人心疼的名字，一个让人心暖的名字。人间烟火味里铺展着无尽的梦幻织锦，美好的感恩，由衷的赞颂，既素朴又华丽，既"农民"又"小资"。把所有对生活的祈愿都凝进这一声轻唤当中，让苦难凋零，让穷困走远——我的大西北，愿你守着一朵富丽的牡丹，吉祥平安，岁岁年年。

心灵感悟

凡俗中拥有一颗诗心，尘埃中怀抱一颗爱美之心，同样的生活因此会改变颜色，尘埃里会开出花朵！

长成心中一棵树

智者收了众多门徒，毕业前夕，他想留住一位跟在身边传承衣钵，便召开了一个大会。会上智者宣布，他将一视同仁让所有门徒参加这次考核。考核的题目很简单：每人做一次长途旅行。想传承他衣钵的人，一年后再回到他身边讲述这次旅行的心得，接受他的考核。

从学多年，能传承智者的衣钵，在当时来说是每位门徒的理想。听后，门徒们个个摩拳擦掌，跃跃欲试。这让智者甚感欣慰。

门徒一一离开，智者满怀希望地等待着他们陆续归来。一年很快过去了，结果却让智者大失所望。众多门徒，竟没有一位回归门下。一气之下，智者决定关门闭学，打算后半生不再开堂授徒，并跑到好友白隐禅师那儿大吐苦水。

白隐禅师闻听，微微一笑，把智者带到一棵树下，问智者："你还记得这棵树吗？"智者双手合十，毕恭毕敬向树深深鞠了三个躬，然后回答说："怎么能忘记，我落难之时，全靠它替我遮阳蔽日、挡风遮雨，它已经长在我心底了。"

"对啊，在每位门徒心目中，你就是这样一棵树，他们都是在你身上栖息过的鸟。他们虽然没飞回来，但你已长在他们心里了。"

智者闻听，大悟。不久，重新开堂设馆，广收天下门徒。

给予者永远是埋在收受者心底的一粒种子，随着岁月的流逝，它不会被掩埋，而是日渐长成一棵参天大树。

心灵感悟

给予，是一个高尚的词。而给予者，则是一粒可以长大也可以收获幸福的种子。予人玫瑰，手留余香。送给别人一枝玫瑰吧，让扑鼻而来的花香包围着你，让那些精灵的鸟儿落在你充满香气的枝头。

没有不起眼的角色

她从小就喜欢看电影，常常被影片中的故事感动得热泪盈眶。每次看电影，她心里都暗自想：若是自己能成为一名演员就好了。

她15岁那年，电影《井冈山》开拍，导演寻找一位小女孩扮演一个角色。这个角色在影片中只有一个镜头，也只有一句台词，就是饱含热泪地报告："罗叔叔，井冈山丢了。"没有人愿意演这个微不足道的角色。导演找到她时，她毫不犹豫地答应了。为了一个短短的镜头，为了一句台词，她竟然在台上台下练习了上千遍。当导演看到影片中那个短镜头、听到那句台词时被深深地打动了，便推荐她去上海电影学院学习。

当年的小女孩就是后来光彩照人的陈冲，从饰演一个微不足道的角色开始，她一步步地走进了艺术的殿堂，不但在国内得过电影百花、金鸡奖，还成为第一个进军好莱坞的中国电影演员。

我们每个人在这个世界上都有属于自己的角色，大多数人的角色是微不足道的，但许多人因为角色的微不足道而拒绝努力、好高骛远，结果永远令自己失望。其实成功是从现在我们所扮演的角色开始的。

不要总埋怨自己的角色微不足道。想要改变，你必须踏踏实实地"扮演"好现在的角色，无论它多么不起眼。当你将人生中每一阶段属于你的任务都出色地完成之后，才会领略到人生的精彩。

心灵感悟

角色没有大小之分，只有演好和演坏之分。不要看不起你不起眼的小角色，只有你踏踏实实去演好你的角色，你才会领略到生命的精彩。否则，你的梦想只能是"空中楼阁"。

生命的滋味

只有一个真正严肃的哲学问题，那就是自杀。这是加缪《西西弗斯神话》里的第一句话。朋友提起这句话时，正躺在医院的急诊室，140粒安定没有撂倒他，又能够微笑着和大家说话了。

另一位朋友肺癌晚期，一年前医生就下过病危通知书，是钱、药、家人的爱一点一点地延长着他的生命。于病人，病痛的折磨或许会让他感到生不如死，对于亲人来说，不惜一切代价，只要他活着，只要他在那儿。

人无权决定自己的生，但可以选择死。为什么要活着？怎样活下去？是终生都要面对的问题。

有一个春天很忧郁，是一种看破今生的绝望，那种找不到目的和价值的空虚，那种无枝可栖的孤独与苍凉。一个下午，我抱了一大堆影碟躲在屋内，心想看吧，看吧，看死算了。直到我看到它——伊朗影片《樱桃的滋味》，我的心弦被轻轻地拨动了。

那时我的电脑还没装音箱，只能靠中文字幕的对白了解剧情。剧情大致是这样的：

巴迪先生驱车走在一条山间公路上，他神情从容镇静，稳稳地操纵着方向盘。他要寻找一个帮助埋掉他的人，并付给对方20万美元。一个士兵拒绝了，一个牧师也拒绝了，天色不早了，巴迪先生依然从容镇静地驱车走在公路上寻觅，这时他遇到了一个胡子花白的老者，老者给他讲了一个故事：我年轻的时候也曾想过要自杀。一天早上，我的妻子和孩子还未睡醒，我拿了一根绳子来到树林里，在一棵樱桃树下，我想把绳子挂在树枝上，扔了几次也没成功，于是我就爬上树去．正是樱桃成熟的季节，树上挂满了玛瑙般晶莹饱满的樱桃。我摘了一颗放进嘴里，真甜啊！于是我又摘了一颗。我站在树上吃樱桃。太阳出来了，万丈金光洒在树林里，涂满金光的树叶在微风中摇摆，满眼细碎的亮点，我从未发现林子这么美丽，这时有几个上学的小学生来到树下，让我摘樱桃给他们吃，我摇动树枝，看他们欢快地在树下捡樱桃，然后高高兴兴地去上学。看着他们的背影逐渐远去，我收起绳子回家了，从那以后我再也不想自杀了。

夜幕降临了，巴迪先生披上外套，熄灭了屋内的烟，走进黑暗中，夜色中只看到车灯的一线亮光，然后是无边的、长久的黑暗……

天亮了，远处的城市和远处的村庄开始苏醒，巴迪先生从洞里爬出来，伸了个懒腰，站在高处远眺。

看到这里我决定认认真真洗把脸，把鞋子擦亮，然后到商场给自己买来鲜花。

后来我曾经问过欲放弃生命的朋友，问他体验死亡的感觉如何。他说一直在昏迷中，没觉得怎么痛苦。倒是出院的那天，看到阳光如此的明媚，外面的世界如此新鲜，大街上姑娘们穿着红格子呢裙，真是可爱。长这么大第一次发现世界是如此的美好。

世界还是那个世界，只是感受世界的那颗心不同而已。

患肺癌的朋友已经作了古，记得他生前爱吃那种烤得两面焦黄的厚厚的锅盔饼。每次看到卖饼的推着车走来，就怅然，若他活着该多好！可惜那些吃饼的人，体味不到自己能够吃饼的幸福。

为什么要活着？就为了樱桃的甜，饼的香。静下心来，认真去体验一颗樱桃的甜，一块饼的香，去享受春花灿烂的刹那，秋月似水的柔情。就这样活下去，把自己生命的过程的每一个细节都设计得再精美一些，再纯净一些。不要为了追求目的而忽略过程，其实过程即目的。

心灵感悟

生命是一列向着一个叫死亡的终点疾驶的火车，沿途有许多美丽的风景值得我们欣赏。

人生路，不回头

一个多年没见的女学生，突然跑来，要求帮忙向她的男朋友求情。

“你要我去找你的男朋友，当说客？”我不敢置信地问，“他不是向来对你百依百顺吗？”

那男孩子我认识，以前常陪这女生来上课。女生站在那儿画石膏像素描，男孩儿就坐在旁边看。女生画不好，心急冒汗，男孩儿过去帮她擦汗，一边擦还一边挨骂。

“现在情况不同了，”女生对我说，“都怪我，还是常发脾气，一气就要他走远点。每次他走，都隔一下就打电话回来，问我还气不气。可是前两个月，有一天，他走了，没有打电话，也没回来，他再也没回来找我，老师！你知道我多爱他，5年了耶！你看到的。现在他居然不理我了。”

没办法，只好硬着头皮把男孩子找来。

“是不是有人要老师找我？”男孩儿居然开门见山地说，“没用的，她已经找了一堆朋友了。”

“为什么？”我问。

“因为当我离开她家的那天，我就自己告诉自己，这次绝不回头。”

男孩子走了，我坐在那儿好半天，心里很不是滋味，不只为调解失败而不是滋味，更因为咀嚼他斩钉截铁的那句话。

“绝不回头！”

多么熟悉的一句话啊！

苦海无涯，回头是岸。浪子回头金不换。

从小到大，总听到要人回头这句话，好像一回头，事情就能化解，仇怨就能消除，错误就能补偿。

可是，在同一时间，我们也总被灌输一种“不回头”的观念——

小时候，听人讲鬼故事，说狐仙。

“没练到家的狐仙，还一脸狐狸像，后面夹个大尾巴，它不敢正面冲人来，只敢从后面拍拍你的肩膀，叫你的名字。”说的人瞪大眼睛：“所以半夜一个人在野地走，有人拍你的肩膀，叫你的名字，你可千万别回头，一回头就会被它一口咬断喉咙……”

少年时读圣经《创世纪》的故事，有个叫所多玛的城市，因为罪恶深重，上帝要把它毁灭。

但是所多玛城里还有罗德一家好人，上帝就派天使去把罗德夫妇和他们的两个女儿带出城，并对他们说：“逃命吧！不可回头看！”

没想到罗德的妻子走在最后面，舍不得家园，偷偷回了一下头，立刻变成一根圆柱。

那圣经故事的插图，我记得很清楚，一尊回头的石像，直直地立在荒野之中，爬满了藤蔓。

上大学了，看了部当时名演员杨群的电影。片名忘了，只记得杨群饰演个很善良的医生，因为受人陷害而被判死刑。

“我死了没关系，可是我半生研究的医术、药方，如果不能传下去救世人，就太可惜了。”杨群临刑前感慨地说。

好心的刽子手就教他：“我不能不杀你，但是可以多给你点时间，回你的家，把药方写完，再下阴间。记住！当我手起刀落，你就心里默念你家乡的地名，拼命往前跑，后面会有很多人叫你，你可千万别回头。”

医生的魂魄就这样跑回家，在他妻子的协助下完成了“遗愿”。

大学毕业，在电视公司做了5年记者，每天报道黄金档的新闻，却觉得越来越空虚，越来越不足。于是决定辞职，出国进修。我把想法告诉岳父。岳父来回踱着方步，说我人正红，收入也高，舍不舍得？又有没有把握在美国念得下去？隔了半天，他说：“我不反对，只是如果你决定了，就再也别回头！”

岳父淡淡的这句话，真重，让我背着，硬撑了一段艰苦的岁月，其间，国内的电视公司不知开了多少优厚的条件，我都“没回头”。

所以，当那男孩儿不听劝，说他绝不回头的时候，我怔住了。发现从小到大，我们“不回头”的时间远比“回头”的多，甚至可以说我们受到的教育非但不是“回头是岸”，反而是“绝不回头”。

今天下午，带女儿去看《星际大战》（sta wars），这部乔治·卢卡斯的“新摇钱树”，是描述前面三集中男主角“天行者”（skywalker）的童年。

跟母亲一起身陷为奴隶的“小天行者”，有着过人的胆识，居然参加星际大赛车，得到第一名，而能获得自由。小天行者的母亲，送孩子离开的时候，搂着儿子说：“你要勇敢，不要再回头！不要再回来！”（Be brave!Don’t come back，Don’t come back!）

电影散场了。10岁的女儿突然问我：“爹地！小天行者的妈妈为什么叫他不要回头！她难道再也不想看到她的儿子了吗？”

我对女儿笑笑：“这个问题，爸爸以前也想不通，但是现在想通了。其实我们每个人生下来就不能回头。想想，你从妈妈的肚子里出来，能回头吗？你出来就回不去了。”

时间是往前走的，钟不可能倒着转，所以一切事只要过去，就再也不能回头。

回头是危险的，一边跑一边回头的人绝对跑不快，而且容易摔倒，总是回头缅怀过去的人，就不容易开创未来。所以，这世界上即使像我们出门发现忘了带什么东西，你不会倒退着走回家，而是转身回家。

“我们可以转身，但是不必回头，即使有一天，你发现自己走错了，你也应该转身，大步朝着对的方向去，而不是一直回头怨自己错了。”我对女儿说：“记住！人生路是不能回头的。”

心灵感悟

有一位著名的芭蕾舞演员在接受记者的采访时，让人看她因练功而变形的丑陋的脚，你怎么也不能把她轻柔曼妙的舞姿与那双脚联系起来。问她既然练芭蕾舞那么辛苦，为何还要坚持练下来，演员回答：“穿上这双舞鞋，我便无法让自己停下来，这是一条不归路。”是的，人生路，是不能回头的，因为“时间是往前走了，钟不可能倒着转，所以，一切事只要过去，就再也不能回头”。其实，我们自从一出生，就已经开始踏上了一条不归路。这也无须恐惧，因为人，活着想有一番成就，就必须不回头！

享受生命的春光

四川省巴东县女护士王飞越身患绝症，生命即将走到尽头，她很想留一点什么给这个曾经让她温暖、让她懂得爱的世界。

可是她的全身已开始溃烂，捐赠遗体用于医学解剖和实验显然已经不太可能。一日，来探病的弟弟说：“姐姐，你的眼睛好明亮哟。”这句话提醒了王飞越女士，病床上的她顿时兴奋起来：“我要捐献眼睛角膜。”

她的遗愿，立刻遭到丈夫和女儿以及亲友们的反对，沉浸在即将丧失亲人的巨大悲痛中的他们，无法理解王飞越的做法。他们在病床前，苦苦哀劝。面对劝说，病床上的王飞越也含泪诉说：“这样做，可以让两个人重见光明，难道你们不能满足我这个小小的要求吗？”她支撑着写了申请书，求丈夫为她签字。

等字终于签了，王飞越松了一口气。可癌细胞已经开始肆虐扩散，加之用药，造成全身水肿。如果水肿也造成眼角膜损伤，就会影响角膜移植手术的质量。她忍着痛，向医生提出：“保护好我的眼睛，请不要用止痛药。”

伤痛折磨着她，然而她更担心的是，一旦角膜受到损伤，她的捐献计划将成泡影。她提出请求：在她停止呼吸之前，现在就摘掉眼球。

丈夫和女儿，还有医生护士们流泪了。守护在一边的眼科专家们也制止了她。

疼痛不断加剧，死神临近，王飞越的一只眼睛甚至已不能闭合。她知道，生命已无法挽留。她最担心的是眼球的完好无损，为此不断地发出新的请求，而且态度于被坚决，拔掉氧气管，拔掉氧气管！

拔掉氧气管，意味着放弃呼吸，放弃生命，放弃这个美好的世界。丈夫和女儿泣不成声。这样的请求没有被采纳，她就以拒绝治疗来抵制。她如愿了，氧气管终于拔掉。

但接着，她又提出新的请求，拔掉输液管。这一次，周围的人沉默了，彻底尊重了她的意愿。

生命之花终于凋零，只有她的眼角膜被保留了下来。而且其中的一只眼角膜，竟让三位病人重见光明。共有四位患者，包括年轻人和老人，分别承接了她的光明。这位从未走出过县城的女士，将光明播撒到南疆北土，播撒到遥远的地方……

她有一段临终录音，那是对承接她光明的人说的：“你好，我不知道你姓什么叫什么，我祝福你，希望你重见光明，尽情享受春光。”

心灵感悟

很多人在死后都会选择到天堂，而真正可以到天堂的却不多。天堂或许很寂寞，但我们相信，天堂有了她，就不再寂寞。

生命是有弹性的

人的一生，仿佛都在与地心引力作斗争，向下的力量永远存在，而且在两个时段显得特别强大：第一个时段是人在面临困境时，能明显感觉一种拖拽的反力，或许能产生对抗或反弹去消解；第二个时段更可怕，就是处于太过舒服的生活状态时，被一种隐性力量向下牵引。人没有压力，就像青蛙在温水里游泳，当水温升高却早已失掉弹跳力。

人的一生有很多的迷茫，站在人生的十字路口，并非没有惆怅和犹豫。

人生角色的每次转换，痛苦的剥离中自有一分期盼。人生就是一场不断抉择的游戏，有风雨有艳阳。重要的是，抉择前重重思考，决定后轻轻放下。人生的寻宝图，或许只有一个宝藏。不怕走错路，珍惜每份体验，保持一份好心情欣赏沿途风景。

“即使有狂蜂浪蝶，我依然执著等待我的Mr.Right，我不想迷茫，于是选择了执著向前。”

其实伤害和挫折并不可怕，重要的是化解痛苦，寻找来自内心的支持的力量。只要心底有力量，就会保持一种向上的姿态和心境。否则，一分钟的懈怠，自己就迷失了方向，沉沦下去。而对于人心而言，学习才是最好的化解迷茫和痛苦的活水之源。

改变需要勇气。那曾经的迷茫和苦痛往往如剥丝抽茧一样，历历在目。但人总是要笑着走过来。人生最大的敌人就是自己。终其一生，都在与自己进行斗争。在这斗争的过程中不断地更新和完善自我。

我喜欢医生这个职业，在于它的责任和成就感。当一个濒临死亡的生命经过努力又变得生机盎然的时候，那种成就的幸福是荡涤心间的，心里溢满了欣慰。至于地位、职位，全不在个人的掌控之中。能掌控的只有现在，只有自己手里的手术刀。我的目标就是把当下做好，包括自己的生活，这就足够了。

曾经读过：“一个人围着一件事转，最后可能全世界都围着你转；一个人围着全世界转，最后全世界都可能抛弃你。”

人的成长就是从简到繁，再由繁到简的过程。年轻的时候，总是渴望有更多的尝试，恨不得抓住每次机会，吸取更多的东西。等到人慢慢成熟了，知道一个人的精力终归有限。

虽心有不甘，但力所不逮，必须学会做减法。比如工作上，如果想把一件事情做通透，你必须集中精力放在这个着力点上，坚定不移，心无旁骛。我觉得做减法的过程更不容易。在现实生活和工作中，难免会有种种近期效益更明显的诱惑。这时候，人很容易患得患失，所以必须追问自己到底要什么，怎样才能和梦想靠得更近。放弃，也是为了另一种坚持，人生有梦，但筑梦要踏实，一步一个脚印。能知道要什么，能够做到什么，不可能做到什么，就很不错。

When you are over thirty years old，you will never get older but wiser.（当你年过30岁，你永远不会再老，你只会变得更智慧。）

我欣赏这句话，因为从中透露出一种积极乐观的精神，一份凭借智慧经营的快乐。高中时一位老师曾说：“世上什么人最快乐？只有重度智能不足者最快乐，因为他们单纯的不知道什么叫不快乐。但是在坐的各位都没有这种单纯快乐的能力，所以唯一的办法，就是让自己聪明一点，懂得寻找人生的快乐。”

当我们是小孩子的时候，快乐很单纯，长大后若要维持快乐，则需要智慧。一个成长的人，健康的人格尤其重要。我希望自己一直保持这样的快乐，轻松度过人生的起伏。积极的快乐其实是人生很高的境界，在某种程度上，是心智修炼的成果。

“我希望我的生活是不断快乐的积累!”这是我的梦想，我至今仍然在努力实践它。我特别感谢我的父母给了我热爱生命和欢乐的能力，我会宝贝到老，老到鸡皮鹤发，你仍会看到我开怀大笑的模样，即使那时我已老掉了牙!但至少我知道我成功地活过每一个时刻。

心灵感悟

南非前总统曼德拉也曾说过：“生命中最伟大的光辉不在于永不坠落，而是坠落后总能再度升起。”我欣赏这种有弹性的生命状态，快乐地经历风雨，笑对人生。

路口的抉择

从前，有一个名叫汤姆的小男孩沿着一条曲折遥远的道路寻找他的未来。茫茫路途，炎炎烈日，在一个荒野的十字路口，他看见了一棵枝繁叶茂的老树。

他想:“我要在那里小憩一会儿，想想我的出路，虽然我不知道前程是好是坏，但它肯定就在我的前面。”

想到这里，男孩欢快地朝着树走去，可是当他走到树的近前时，他才发现树阴已被一位酣睡的老人占据了。汤姆是个有教养的孩子，他静悄悄地坐在一旁等候着老人醒来后分给他一块阴凉。

老人终于睁开了双眼并用和善的眼神示意他靠近树阴，虽然这时已是夕阳西下，夜色深沉，但汤姆没有抱怨，因为他知道自己的出路就在前方，而老人的出路已落在身后。

“我在寻找我的出路，老人家，”汤姆说，“您能告诉我，在我面前的

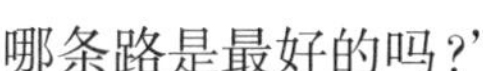

哪条路是最好的吗？”

老人上下打量他一番，然后又由近及远地望了望伸向远方的道路，最后摇摇头对汤姆说：“我的眼力不行了，我曾经能够看见散步的风哩。”

“那么，老爷爷，”汤姆继续说，“也许您能听见美妙的世界位于哪条路上吧？”

老人把头侧向一边听了听，然后又侧向另一边听了听，最后摇摇头说：“我的听觉也很差了，我曾经听得见私语的草哩。”

汤姆坐下来，想了好一会儿。“老人家，”他又说道，“您知道一个我能去的地方吗？一个能够找到我的出路的地方！”

“我认为‘时游’是最好的地方。”说着，老人吱吱嘎嘎地站起身来，伸了个懒腰，消失在树的背影里。汤姆是个有教养的孩子，他没有尾随其后纠缠不休，而是在老树下安顿了一宿。

当一轮红日从东方的天空中冉冉升起时，汤姆好像听到了一声远方的呼唤，他随即站起身来。

他在十字路口上选择了一条他希望能通往时游的道路。

汤姆跋涉了很多日子，并且经历了许多事情。他上山挖金，下海掏珠，爬山钻洞，风餐露宿，日夜兼程。他阅历大千世界，尝尽人间甘苦，但他仍然执著地寻觅着时游。

然而，他终于把时游撇在脑后。他在自家的房子周围种起了粮食，种出了一个世界。

即使当他想起时游，那也不过就像是童年时读过的一段神话，并没有因此而搅乱他宁静的生活。

只是有那么一天，当孙子们和年迈的他一起坐在壁炉前，问起那广阔而又神奇的世界时，老汤姆这才提起他那一段不平凡的生活。

“是的，”他说，“年轻时我周游世界，为的就是要寻找某件东西，但是寻找什么现在已经记不起来了。一些东西找到了，还有一些没有找着。可重要的是我年轻时游历过一番。”

突然他停住了，因为一段缥缈的记忆闪耀在他的脑海。“年轻时游历过一番。”时游！那位老人的话就是这个意思吗？发现存在于寻觅之中？老汤姆的嘴张了几下欲言又止。

几天以后，老汤姆正倚坐在老树下，突然一位少年带着仆仆风尘走了过来。

“老人家，”少年说，“我在寻找我的出路，您能告诉我应该走哪条路吗？”

老汤姆背靠着大树凝视了一下天空，云彩正迅速地从他的头顶飞过。“当然，哼游是我知道的最好地方。”他回答道。他知道这位少年也许要经历许多年的艰难而又美好的日子后，才会领悟到其中的道理。

然后老汤姆闭上眼睛，安详地睡着了。

心灵感悟

我们对生命的执著，不是执著于生命本身，而是执著于生命的意义，执著于生命存在的过程。我们曾经全身心地经历过、努力过，到了蓦然回首那一瞬间，生命才会给我们公平的答案和又一次乍喜的心情。

罐装生活

和儿子一起观赏了N部大片。儿子说，他从N部大片中总结出一个规律。

我想，他要么受到教育，要么收获娱乐，要么得到启迪。他一一摇头否定。他说，他发现影片中的人喝水，喝的都是罐装的饮料，“啪”一声打开冰箱门，“扑哧”一声拉开易拉罐。他说那种“扑哧”的声音比什么音乐都动听，令人激动得想撒尿。

20世纪七八十年代的影片中，许多人尚有品茶和喝咖啡的时间。到现在，似乎影片中的人比以前匆忙了许多。喝水的方式变了，不经意间，暗示出人的生活方式的变化。20世纪的电影镜头经常停留在咖啡杯子上升腾的热气，而现在的镜头更多的是跟拍脚步——不同人的、匆遽的脚步。不知导演是有意，还是无意，在用镜头捕捉生活方式的某种变化。

罐装的饮食，开启和食用快捷、简单。贝克汉姆去马德里之前，是位于柴郡的萨姆菲尔超市的常客，该店的一名员工说：“贝克汉姆是狂热的方便面爱好者，他每次到这儿来都要买上二十包面，不多不少，正好二十包。”除此之外，小贝还非常钟情饮料。其妻维多利亚说：“大卫非常狂热。我们有三个电冰箱，一个放食品、一个放沙拉、一个放饮料。放饮料的冰箱里所有东西都对称放置。

如果多出来一瓶健康可乐，大卫会把它放到碗橱里，这样看上去就不会不协调了，大卫不会让冰箱里出现奇数。”

小贝声称自己有强迫症。其实，这只是长期的职业行为对心理的影响。足球运动追逐的是速度的极限。方便面和饮料是饮食环节上对过程的简化。至于要求冰箱里瓶数是偶数，可能是因为在大多数的潜意识中，偶数代表得到，奇数意味着失去。数字，与易拉罐在某个层面上存在着联系，同时，也可以看成是其生活被抽象后的隐喻。

今天做什么，明天做什么，都被我们细致地写在记事本上。生活有时候就像被罐装了，一天一天，一瓶一瓶，精细可数，各不相同，又机械重复。工作和生活的内容，事先都预设好，封装好，没有很多的偶然和意外，也没有很多的新鲜和惊喜。

这样想着，我又看了看自己上班的那幢楼。外形上看，它就像一个巨大的易拉罐。大厅被分割成一个个小罐子似的工作间。进大厅只能看见一颗颗大同小异的、黑黑的脑袋。几十人居于一室彼此不能相见。有时候感到害怕，如果这些罐子再加上盖，我们会不会窒息？

心灵感悟

不知从何时开始，街头巷尾，商场酒楼，罐装食品变得随处可见。人们疯狂地制作并且消费着它们，并沾沾自喜地以为自己改变了世界，却不知早已被世界改变。这些精细的罐装生活，虽然方便而快捷，却仍是单调重复的。我们要不时地打开盖儿，透透气，给自己一点空间，让心灵放个风。

最后的歌声

在伦敦儿童医院这间小小的病室里，住着我的儿子艾德里安和其他六个孩子。

艾德里安最小，只有4岁，最大的是12岁的弗雷迪，其次是卡罗琳、伊丽莎白、约瑟夫、赫米尔，米丽雅姆·莎丽。

这些小病人，除了10岁的伊丽莎白，他们都是白血病的牺牲品，他们活不了多久了。

伊丽莎白天真可爱，有一双蓝色的大眼睛，一头闪闪发亮的金发，人们都很喜欢她。同时，又对她满怀真挚的同情：原来伊丽莎白的耳朵后面做了一次复杂的手术，再过大约一个月，听力就会完全消失，再也听不见声音了。

伊丽莎白热爱音乐，热爱唱歌，她的歌声甜美舒缓、婉转动听，显示出在音乐上的超常天赋，而这些将令她失去听力的前景更加悲惨。不过，在同伴们面前，她从不唉声叹气，只是偶尔地，当她以为没人看见她时，沉默的泪水才会渐渐地充满她的眼眶，缓缓流过她苍白的脸蛋儿。

伊丽莎白热爱音乐胜过一切。她是那么喜欢听人唱歌，就像喜欢自己演唱一样。那段时间，每当我去看望儿子时，她总是示意我去儿童游戏室。经过一天的活动，空荡荡的游戏室显得格外安静。伊丽莎白坐在一张宽大的椅子上，紧紧拉着我的手，声音颤抖地恳求："给我唱首歌吧！"

我怎么忍心拒绝这样的请求呢？我们面对面坐着，她能够看见我嘴唇的开合，我尽可能准确地唱上两首歌。她着迷似的听着，脸上透着专注喜悦的神情。

我唱完，她就在我的额头上亲吻一下，表示感谢。

小伙伴们也为伊丽莎白的境况深感不安，他们决定要做一些事情使她快乐。在12岁的弗雷迪倡议下，孩子们作出了一个决定，并带着这个决定去见他们认识的朋友柯尔比护士阿姨。

最初，柯尔比护士听了他们的打算吃了一惊："你们想为伊丽莎白的11岁生日举行一次音乐会？而且只有三周时间准备！你们是发疯了吗？"这时，她看见了孩子们渴望的神情，不由得被感动了，便想了想，补充道："你们真是全疯啦！不过，让我来帮助你们吧！"

柯尔比护士一下班就乘出租车去了一所音乐学校，拜访她的老朋友玛丽·约瑟芬修女，她是音乐和唱诗班的教师。在柯尔比含泪的叙说中，玛丽·约瑟芬马上答应了她的请求：每天免费教孩子们唱歌。这一切当然是在伊丽莎白接受治疗的时候。

在玛丽·约瑟芬修女娴熟的指导下，孩子们唱歌进步神速。然而每当其他孩子全都安排在各自唱歌的位置上时，玛丽注意到动过手术，再也不能使用声带的约瑟夫却总是神色悲哀地望着她，这令她十分心酸。终于有一天，玛丽说："约瑟夫，你过来，坐在我的身边，我弹钢琴，你翻乐谱，好吗?”一阵惊愕的沉默之后，约瑟夫的两眼炯炯发光，随即喜悦的泪水夺眶而出。他迅速在纸上写下一行字:“修女阿姨，我不会识谱。”

玛丽低下头微笑地看着这个失望的小男孩，向他保证:“约瑟夫，不要担心，你一定能识谱的。”

真是不可思议，仅仅三周时间，玛丽修女和柯尔比护士就把六个快要死去的孩子组成了一个优秀的合唱队，尽管他们中没有一个人具有出色的音乐才能，就连那个既不能唱歌也不能说话的小男孩也变成了一个信心十足的翻乐谱者。

同样出色的是，这个秘密保守得也十分成功。在伊丽莎白生日的这天下午，当她被领进医院的小教堂里，坐在一个“宝座”(手摇车)上时，她的惊奇显而易见。激动使她苍白、漂亮的面庞涨得绯红，她身体前倾，一动不动，聚精会神地听着。

尽管所有听众——伊丽莎白、十位父母和三位护士——坐在仅离舞台三米远的地方，我们仍然难以清晰地看见每个孩子的面孔，因为泪水模糊了我们的眼睛。但是，我们仍能毫不费力地听见他们的歌唱。在演出开始前，玛丽告诉孩子们:“你们知道，伊丽莎白的听力已是非常非常的微弱，因此，你们必须尽力大声地唱。”

音乐会获得了成功，伊丽莎白欣喜若狂，一阵浓浓的，娇媚的红晕飘荡在她苍白的小脸上，眼里闪耀出奇异的光彩。她大声说，这是她最最快乐、最最快乐的生日!合唱队十分自豪地欢呼起来，乐得又蹦又跳的约瑟夫眉飞色舞、喜悦异常。而这时候，我们这些女人流的眼泪更多。

谁都知道，患不治之症快要死去的孩子们，他们忍受病痛、同死神决斗的信念和他们势不可挡的勇气，使我们这些人的心都快要碎了。

这次最令人难忘、最值得纪念的音乐会，没有打印节目表，然而，我有生以来从没有听过比这更动人心弦的音乐。即使到了今天，倘若我闭上眼睛仍能够听见那一个个震颤人心的音符。

如今，幼稚的歌喉已经静默多年，合唱队的成员正在地下安睡长眠。但我敢保证，那个已经结婚、有了一个金发碧眼女儿的伊丽莎白，在她记忆的耳朵里，仍然能够听见那幼稚的声音、欢乐的声音、生命的声音、给人力量的声音，因为那是她此生曾经听见过的最后、最美的声音啊!

心灵感悟

六个身患白血病将不久于人世的孩子，为10岁的即将失去听力的伊丽莎白在医院的小教堂举行了一场特殊的生日音乐会。在医院这一特殊的环境中，这些患不治之症快要死去的孩子们凭借着“同死神决斗的信念和他们势不可挡的勇气”，用他们那纯真的心与爱为伊丽莎白献上了世间最美、最震颤人心的乐曲。或许，就艺术的角度而言，这些孩子们的合唱并不能与著名歌唱家的表演媲美，然而，在伊丽莎白的心中，在所有读者的心中，这却是满蓄着爱意的天籁之音。尽管数年后，那六位可爱的孩子已不在人世，但他们的歌声却永远留在了音乐会听众的心中，给人们带来欢乐、带来力量。茫茫人海，芸芸众生，什么会如天籁般一直在我们内心浅唱低吟至今？只有爱，只有爱具备这份穿越时间空间、穿透心灵的力量。生命，可以平淡无奇，亦能百转千回，但只有灼烧，才能飞扬；只有轻舞，才能妖娆；只有充满爱，才能如天籁般让人沉醉。

失去之后才懂得珍惜

有一个人，他生前善良且热心助人，所以在他死后，升上天堂，做了天使。他当了天使后，仍时常到凡间帮助人，希望感受到幸福的味道。

一日，他遇见一个农夫，农夫的样子非常苦恼，他向天使诉说：“我家的水牛刚死了，没它帮忙犁田，那我怎能下田作业呢？”

于是天使赐他一只健壮的水牛，农夫很高兴，天使在他身上感受到幸福的味道。又一日，他遇见一个男人，男人非常沮丧，他向天使诉说：“我的钱被骗光了，没盘缠回乡。”

于是天使给他银两做路费，男人很高兴，天使在他身上感受到幸福的味道。

又一日，他遇见一个诗人，诗人年轻、英俊，有才华且富有，妻子貌美而温柔，但他却过得不快活。

天使问他：“你不快乐吗？我能帮你吗？”

诗人对天使说：“我什么都有，只欠一样东西，你能够给我吗？”

天使回答说："可以。你要什么我都可以给你。"

诗人直直地望着天使："我要的是幸福。"

这下子把天使难倒了，天使想了想，说："我明白了。"然后把诗人所拥有的都拿走了。

天使拿走诗人的才华，毁去他的容貌，夺去他的财产和他妻子的性命。

天使做完这些事后，便离去了。

一个月后，天使再回到诗人的身边，他那时饿得半死，衣衫褴褛地躺在地上挣扎。

于是，天使把他的一切还给他。然后，又离去了。

半个月后，天使再去看望诗人。

这次，诗人搂着妻子，不住向天使道谢。

因为，他得到幸福了。

心灵感悟

一千个人有一千个哈姆雷特，每个人追求的都是不同的幸福，当幸福在你身边的时候，用平和的心态去看待它，去欣赏它，那么你会一生都觉得幸福。反之，就不知道什么是幸福。

温鲍姆的死

1982年7月21日清晨，警察在纽约曼哈顿区东南部巡逻时，在一座旧楼房的墙脚下发现一只鼓鼓囊囊的塑料袋，里面是一具无名青年男尸。

很快查明死者叫温鲍姆，22岁，6月份刚从美国东北部佛蒙特州的本宁顿大学毕业。在校时，他是校报的编辑、校垒球队的领队、研究莎士比亚戏剧的优等生，又是心理学领域颇有希望的研究生，总之被公认为是高材生。因此，当温鲍姆的噩耗传来，熟悉他的人无不为之愕然。但是，真正了解内情的人却认为，温鲍姆的惨死是意料之中的事。

温鲍姆就读的本宁顿大学在美国是少数几所学费昂贵的私立大学之一，学生每年必须支付一万美元的学杂费和住宿费。温鲍姆念小学和中学时，他靠奖学金和当临时工挣得的钱勉强能应付下去，在大学里念书，就

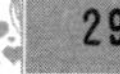

更困难了。他在曼哈顿东区美术画廊谋到一个临时职位，又为一家心理学杂志社当临时编辑，还没法创作，写几篇小说，但所有这一切工作所得到的报酬，仍不能维持他的生活。怎么办呢？正在他为筹措学费被逼得走投无路时，他忽然想起纽约曼哈顿区的毒品走私黑市，为何不上那里去闯一闯？他认为自己精明强干，办事缜密，不至于出乱子。

起先他觉得那些黑市贩子很有义气，肯为朋友慷慨解囊，总是把上千甚至上万美元塞进他的口袋。他可以用这些钱支付学费和住宿费，再买些参考书和衣服。后来又被那些贩子拉着出入豪华的饭店、旅馆，用起钱来也大手大脚了。他逐渐频繁地出入毒品黑市场，胆子也越来越大。有时他也觉得胆战心惊，想洗手不干，这时就有人威胁他："不干，就要你的命。"

1982年7月9日，温鲍姆要为佛蒙特的一位乐师去弄10克可卡因。他和走私贩子约好在这天晚上8点钟会面，地点布纽约曼哈顿第四号街。从此他失踪了，12天后，他被杀害了。

不久，温鲍姆的死因渐渐被人知道了。2个月前，他曾托毒品黑市中的一个中间人把350美元转交给另一人，结果那笔钱被中间人私吞了。温鲍姆一怒之下向警察局告发了那个人，以致那个人被关押了一星期。两个月过去了，温鲍姆早忘记了这件事，可是贩毒集团的头目们觉得温鲍姆为350美元就向警察局告发，太不可靠，而且他知道贩毒集团的内幕太多，将来会泄漏出去，于是决定杀人灭口。

心灵感悟

"近朱者赤，近墨者黑。"不管多么需要钱，都一定要远离那些从事非法活动的人。

披着孔雀羽毛的乌鸦

有一次，一只乌鸦在自己的尾巴上插满了孔雀的羽毛。它心满意足，想入非非，以为亲友们一定会羡慕它华丽璀璨的羽毛，对它刮目相看；而孔雀们呢，一定会为发现了一位新姐妹而欣喜若狂，陪它步入天后的宫廷。于是，乌鸦就昂首挺胸、神气十足地跑到孔雀跟前。

可是，事与愿违。孔雀们愤怒地围拢过来，向乌鸦乱啄乱咬，拔去它的羽毛。乌鸦丧魂落魄，等到冲出重围时，身上的羽毛已经所剩无几了。

这只乌鸦厚着脸皮，又回到乌鸦群里。

可是，它的外貌古里古怪，不伦不类，既不像乌鸦，更不是孔雀，别的乌鸦认不出它，对它漠然置之。

这个故事，源自克雷洛夫的寓言《乌鸦》，寓言的开头，克雷洛夫语重心长地写道："除非你要想尝尝孤立的滋味，你就不必改变原来的地位，你也不必攀龙附凤。如果天生是矮个儿——那就是了，不必跑去站在高个儿堆里，自以为身体高大了一倍。"这段话，点明了这篇寓言的主题。

心灵感悟

不要把别人的成果攫为己有，招摇撞骗，欺世盗名，妄图改变自己的地位；否则，真相败露，就会处于滑稽可笑的境地。

一个被"看破"的人

有一位老和尚，凡遇徒弟第一天进门，必要安排徒弟做一门例行功课——扫地。过了些时辰，徒弟来禀报，地扫好了。

师父问："扫干净了？"

徒弟回答："扫干净了。"

师父不放心，再问："真的扫干净了？"

徒弟想想，肯定地回答："真的扫干净了。"

这时，师父会沉下脸，说："好了，你可以回家了。"

徒弟很奇怪："怎么刚来就让回家，不收我了？"

"是的，是真不收了。"师父摆摆手，徒弟只好走人，不明白这师父怎么也不去查验查验就不要自己了。

原来，这位师父事先在屋子的犄角旮旯处悄悄丢下了几枚铜板，看徒弟能不能在扫地时发现。

大凡那些心浮气躁，或偷奸耍滑的人，都只会做表面文章，是不会认认真真地去扫那些犄角旮旯处。

因此，也不会捡到铜板交给师父的。师父正是这样"看破"了徒弟，或者说，看出了徒弟的"破绽"——如果他藏匿了铜板不交给师父，那破绽就更大了。不过，师父说，他还没遇到过这样的徒弟。贪婪的人是不会认真地去做别人交付的事情的。

师父看出的破绽，是徒弟品德修养上的弊病。

心灵感悟

衣服上的破绽，需要缝补。而一个人品德上的"破绽"，需要通过加强修养来克服。只有时时处处严格要求自己，才能使自己的道德品质完善，才能成为一个容易被别人接受的人。

常敲敲我们的门

7月4日傍晚，7栋504的王阿姨给我们打电话，说她们家卫生间的天花板漏水。我要电工小李去看一下。

小李回来对我说："估计是她家楼上漏水，我把604的门敲了半天，没人开。"我翻开业主档案，找到604刘大爷的电话号码。我连打三次，没人接。我打开保险柜把刘大爷的房门钥匙拿给小李。刘大爷有丢钥匙的毛病，他放了一把钥匙在我们这里。

小李走了不到5分钟，外面突然传来女人的尖叫声，我判断声音是从对面6楼刘大爷家传来的，我和几个保安冲上去，闻到一股恶臭味，504的王阿姨和电工小李正蹲在604门口呕吐。小李说："刘大爷死了，尸体已经腐烂了。"我说了声"赶快报警"就伏在楼道窗口呕吐起来。我被小李扶到楼下时，7栋前面的空地上已经站满了小区的居民。

法医鉴定结果令我们震惊，刘大爷七天前就死了，是意外死亡。法医说："这个老头不简单，他可能是下床时心脏病突然发作倒在地上的，但他一直爬到门口，现场有他爬行的痕迹。"

我们得知真相都很难过。刘大爷前年死了老伴，女儿在加拿大，一直孤身一人生活。如果身边有人照顾，如果早点儿发现，他也许不会死，更不会腐烂。我们给他女儿打电话，他女儿泣不成声。我们没敢告诉她，她父亲的尸体已经腐烂了。

整个晚上，我们忙于配合公安和民政处理现场，料理后事。整个小区则笼罩在一种恐怖的气氛中。小区的老人们本来晚上都到楼下花园散步的，这天晚上不见老人下来。我们几个本来约好夜里去吃大排档的，下班后他们都称家里有事，各奔东西了，我知道他们一定是看父母去了。我买了只烤鸭去看父亲，我没敢告诉父亲刘大爷的事。我劝父亲跟我们一起住，我说你一个人住我不放心。父亲做了个跌腿动作，拍拍前胸说："我的身体好得很。"我走到小区门口，回头看见父亲站在灯光暗淡的阳台上目送我，不禁潸然泪下。

第二天上午，我刚到办公室，12栋506的赵大爷来找我。他说："我想请你们帮个忙。"我说："您老有什么事尽管吩咐。"他说："我想请你们常敲敲我的门。"我一惊，我想不到他会提出这样的要求。他说："人老了都有意外的时候，你们隔一天去敲一下我的门，万一我有个三长两短，就不会像老刘那样了。"我不知该怎么回答。见我愣着，他说："我可以给你们钱，敲一次1块?5块？还是10块？你们说。"他说着就到口袋里掏钱。我说："别别别，我们研究一下。"他说："我只有请你们了。"

赵大爷走后又有几个老人来找我们，他们的请求跟赵大爷一样，要我们物业公司增加一个服务项目，常去敲他们的门。其中一个老人对我们说："冬天可以三五天敲一次，夏天一两天就要敲了。"中午的时候，又有几个不能下楼的老人给我们打电话，提出这个要求。

我们想不到刘大爷的死在小区的老人中引起这么大的恐慌。我们不知如何是好。去敲门显然是不可能的。我们算了一下，小区孤身老人一共61个，就是两天敲一次，3个人也敲不过来，而我们物业公司一人顶一职，抽不出人手。小王提出到外面请一个人，专门做这件事。我说不行，如果做这件事，绝不能收老人的钱，而请这样的一个人一个月至少要600块，我们又抽不出这笔资金。我提出动员这些老人找保姆。负责家政服务的吴大妈说："恐怕不行，现在保姆很难找。有点儿姿色的都做三陪去了，姿色差点儿的都去干脚部按摩什么的，年龄大的情愿带小孩，哪个愿意服侍老人？去年东桥一个女的到龙江小区服侍一个80岁老头，第一天去，第二天早上起来发现那老头死了，那女的吓出了病。再有，像王大爷那样的老人，养活自己都很难，哪用得起保姆。"我们商量了半天，没有想出好办法。我最后对大家说："这只是暂时的恐慌，恐慌过后就好了，请个剧团到小区来唱两天戏，转移一下他们的注意力。”

下午，我正和民政局的同志谈事，保安小方给我打电话，说中心花园的宣传栏有张大字报。我问他什么大字报，他说你过来看看。我来到中心花园，看到宣传栏上贴着一张白纸，上面用红字写道：常敲敲我们的门。下面是小区十几个老人的签名。不知怎的，我的眼泪夺眶而出。

我回到物业公司把大家召集起来开了个会。我说：“不能让这种恐慌蔓延下去了，我们从明天开始就去敲他们的门，我们先试一个星期，等他们情绪稳定下来再说。”大家都很赞同。我们把61个老人分成六组，我分在第一组，负责14栋、7栋、9栋、12栋的10位老人。

今天一早，我们开完展会便分头去敲门。

我首先爬上14栋405。我刚敲了一下，门就开了，我吓了一跳，吴老太笑嘻嘻地站在门口。我说：“你怎么知道我来敲门的？”她说：“我每天都这样站在门口，万一哪里不舒服了，我就首先把门拉开。”她搬了张椅子要我坐下。

我说：“我还有事。”她说：“我拿巧克力给你吃。”我跟她闲聊了几句就下了楼。奇怪的是，我每到一户，只敲一下，门就开了，我每次都吓一跳。

回到办公室时我惊魂未定。他们都刚刚回来，见他们脸色惨白，我问他们怎么了。

他们都不说话。小朱突然哭起来，我问她哭什么，她哭得更厉害了。我突然觉得我们这样做不仅没有减轻恐慌，反而加剧了恐慌。我想，不能再敲门了，应该有更好的办法的。

心灵感悟

敲门成为感动的一个细节。但是，更意味深长的是，敲开了门，但心门还设着锁呢。那些心门所“思考”的是，那些敲门的手是充满了温情还是沾上了罪恶呢？这是合乎情理的猜测。所以，敲门帮助别人，最好的办法是敲开他们的心门。

雄鹰·木棉花

盘旋的鹰

已经飞越过许多山崖与峡谷，已经穿越过许多风雨与云雾。羽毛里已经浸满了漫长飞行的倦意。

该找个落脚点，该找一片栖息的树林，该找一处青翠的山坞，然后再继续展示腾飞的梦。

她寻找着，俯瞰着大地，决不放过地上的一点绿色。她的眼睛已经发疼，心灵已经困乏，还是寻找着。然而，总是找不到一片栖息的树林，总是找不到一处落脚的青翠。

羽翼下的这一边是寂寥，是古老的黄沙；羽翼下的那一边是繁华，是飞扬的尘土。但没有树林，也没有山坞。

听风说，树林在天涯，滋养羽翼的绿色在白云的深处。

听雨说，山坞在海角，安抚心灵的青翠在遥远的远方。

她只好盘旋在空中，她已盘旋了许多日夜。呵，灵魂的故土，羽翼的家园，你在哪里？

突然，她的眼睛明亮了。一个决断使她赢得明亮：不要寻找栖息，只管飞翔，只管飞翔，生命之美就是独撑羽翼的飞翔。等到不能飞翔的那一天，到处都有让我长眠的地方，到处都有收埋羽翼的地方。

木棉的葬礼

乘着红色的降落伞，一朵木棉花，带着火的旋律，飘入长满春草的庭院。

刚刚落到地上，就有暴雨来袭。暴雨剥夺了她的血与赤焰，把她淹死在水里。

她的灵魂没有死。被风雨洗劫后，她悄悄地撒出一团薄纱，缓缓地把自己的尸首覆盖，完成了很轻很轻的葬礼。

草间的葬礼，没有一点声响，没有一滴眼泪，没有一个亲朋的告别。

该有怨恨？该有悲哀？该有寂寞？都没有。她是大自然中平凡的一员，她只能在生时献予天空一支鲜明的火把，死时给自己构筑一座洁白的坟茔。

心灵感悟

天空是雄鹰的灵魂家园，草原是骏马的心灵故乡，大地是森林的养育母亲，阳光是花儿的快乐向导。唯有人类，即使沧桑的漂泊还会难忘故土，即使身在家乡还会心向远方。

自卑的女生

有一个女生觉得自己是很不可爱的女生。她觉得自己没有漂亮的脸庞，没有乌黑的头发，没有白腻的皮肤，没有窈窕的身材，没有过人的智慧，没有任何的才艺，没有富有的家庭，没有体面的父母……更可悲的是，她觉得自己个性过于自卑，她也想像别的人那样自信开朗，可是她做不到。

她一度想到要去死。在死之前，她去求助心理咨询师，她决定，如果再没有任何生的意义和希望，她就去自杀，离开这个无趣的世界。心理学家听了她的话，良久没有说话。沉默了许久之后，心理学家说：“的确，生活对于你来说很艰难，我很明白你的处境和心情。我们需要再做一次治疗，你可不可以帮我一个忙，作为这一次治疗的费用。”女生表示同意。她是多么渴望活着啊。心理学家说：“下周我要在家里开一个聚会，我需要一个人来招待他们。”

接着，心理学家说：“到我家来的客人很多，但互相认识的人不多，你要帮我主动去招呼客人，说是代表我欢迎他们，要注意帮助他们，特别是那些显得孤单的人。我需要你帮助我照料每一个客人，你明白了吗？”

女生一脸不安，心理学家又鼓励她说：“没关系，其实很简单。比如说，看谁没咖啡就端一杯，要是太闷热了，就开开窗户什么的。”女生终于同意一试。

星期二这天，女生发式得体，衣衫合身，来到了晚会上。按着心理学家的要求，她尽职尽力，只想着帮助别人。她眼神活泼，笑容可掬。完全忘掉了自己的心事，成了晚会上最受欢迎的人。晚会结束后，有三个青年都提出要送她回家。

一个星期又一个早期，三个青年热烈地追求着女生，她最终答应了其中的求婚者。心理学家作为被邀请的贵宾，参加了他们的婚礼。望着幸福的新娘，人们说心理学家创造了一个奇迹。

心理学家说:“克服自卑，有两种方法:一种是让自己变得更好;一种是忘我地去生活。前一种方法很好，但是比较慢;后一种方法，则比较快。当一个人忘我地去生活，他天性中美好的地方就不会再受到自卑的抑制，就会表现出来。自卑就不治而愈了。”

心灵感悟

一个人的美丽不在于她所具备的才能，也不在于她所拥有的笑貌，而在于她对待生活以及他人的态度。

请把眼光从自己的身上移开，尽力地帮助别人，让生命的魅力在全心全意地帮助他人的过程中得以释放。去爱，而不是等待着被爱，这是对自我的一种超越，是对生命的一种完善。

聆听花语

花是植物的精灵，是自然的天使，和人一样有着思想和性情。

美是花的生命，花是美的载体。心情幽静时，面对每一朵花，只要用心，便能聆听到花语阵阵，有的娇羞自谦，有的低吟自勉，有的闻声而笑……

梅花的“零度”

桃花经不住漫天的春风吹舞，渐渐轻曳而谢。每朵落地无声的桃花总是怀着一种敬意对先落地的梅花说:“梅花仙子，请接受我诚挚的问候和敬意，寒冬在你笑容中忘了自身的使命，梅香之后，春赶走了冬，在你面前我是惭愧的——一生享受了太多春的温暖。”

梅花深知桃花先天畏寒，但她能对抵挡寒冷怀有敬意，享受温暖而有愧意，这种思想难能可贵。梅花笑盈盈地答桃花:“我和你一样喜欢温暖，娇艳多姿的桃花，我们只是标准略有差异，‘零度’——给我足够的温暖!”

喇叭花的“瑕疵”

被情人们寓意为“百头偕老”的百合花，每次遇见同家族生了黑点的喇叭花便说：“村姑，你怎不去美容，留着那一窝雀斑，多令人生厌！”

爱母亲胜过爱美的喇叭花，对美容不感兴趣，她镇定地答百合花：“我出生于乡村山野，自然赋予我美的现身，我早已感恩。少许瑕疵，权当留作纪念，因为这是亲爱的母亲遗传给我的基因，也是我区别于你的别样风采！”

雏菊的“年轻”

秋海棠一瞥见小小年纪便在野外求生的雏菊，总是关心地说：“小雏菊，你好吗？你一出生就面临野外恶劣的环境，这天然的苦难，真让人于心不忍！”

雏菊们瘦得俊俏，小有神气，精神抖擞，口齿灵巧地答秋海棠：“吃苦是应该的，因为我们正年轻，吃点苦，是自然赋予我们对生命的磨砺！”

桂花的“空间”

一向好奇的黄蝴蝶花，每次闻到桂花从远处飘来的花香，她总想揭开笼罩在桂花身上的谜：“小个子桂花，你算是花中最小的花了，可我一直不解，你的花体那么小，为何却拥有如此幽远的香味？”

桂花迎风抚弄着细碎精巧的花姿。香屑空飘，一里二里，远近皆香……桂花的回答颇有哲理的味道：“我是用生命的香味去占有空间，而不是花身的体积！”

栀子花“拒绝减肥”

栀子花开起来不遗余力，全心全意地将颜色、芳香、身段，一齐奉献。一番盛开后，便玉体膨胀，失去腰围，变得粗俗不堪的臃肥。被新娘装扮在头上瘦削灵动的杨兰花，每次见到栀子花不注意线条美而我行我素疯开时，她总是关切地劝栀子花：“现在人们崇尚线条美，像你这样玉体膨胀，肥胖不堪，还有谁在乎你？”栀子花略微深思，十分洒脱地答：“减肥，对于我来说并没有这个概念，假如忘我是一种美，那么我的痴肥就是双重的美丽。”

水仙的“被爱”

岸上的康乃馨问水仙:“水用什么方式赢得了你一生的爱?”

水仙几乎羞于解释，因为在她的心中，爱的理由挺简单，只要是真正的“被爱”，她就毫无条件地被俘获。

水仙见到康乃馨急于想得到问题的答案，还是羞怯地说:“其实，这是一种很古老很传统的方式——因为水总是让我每时每刻看到我在她心目中的地位，再说，被爱本身就是一种幸福!”

油菜花的“乡土情结”

田野里，河堤旁，泛着熠熠的大黄，单纯、和谐，油菜花染黄了田园，印染了平原，黄得亲切、抢眼，使故乡有了自己的色彩。

花儿流行移植，从乡村、山冈到城市花园。然而油菜花从不移植，厮守着乡村大地，默守着结籽，直至等待农人那缀满眉梢的笑意。面对众花的寻问——为何拒绝移植?油菜花一句朴素的话语，夹藏着几许美丽、几丝斯文——“这是我的乡土情结!”

棉花的“两次花期”

扶郎花被花农采摘，她知道，不久将走上花市，被情人们拥进怀中。想着想着，扶郎花缀满了浪漫的色彩。上花桶的一刹那，扶郎花看到仍静伫在田地里的棉花，有些惋惜地说:“棉花，你这样朴素无声，是谁把你划为我们花族中的一员?”棉花浅浅一笑说:“其实我是不是花族中的一员，并不重要，重要的是，我拥有了两次生命的花期，诚如天底下的母亲，一次奉献给了自己所爱的人，另一次奉献给了自己的孩子!”

心灵感悟

一花一世界，一叶一菩提。花是植物的精灵，是自然的天使，一样有着性情和思想。每一种花的人生，其实就是一种人的心灵缩影。聆听花语，实则是倾听大千世界各种人的心语。

苦孩子

这是在酒桌上，一个朋友给我们讲的一个故事：

"我邻居家的小朋跟我同岁。他家里特别穷，常常吃了上顿没下顿。但小朋的父母都是要强的人，在那个特定的时代不可能有其他途径去挣钱，他们就千方百计地节俭下一点给自己的孩子。他们给小朋立了条原则：不能随便接受别人的东西。还不起人家的情，干脆就不欠别人的情。"

"记得那年我14岁，有一天我妈妈买回几个橘子。在路上碰到小朋，就拿出两个来给小朋，小朋说什么也不要。我妈说：'你这孩子，你王姨又不是别人，回家你妈不会说你的。'于是小朋犹犹豫豫地接了过去。我妈刚一转身，小朋狼吞虎咽地就把两个橘子吃下了肚。回到家，小朋对他妈妈说：'妈，刚才王姨给了我两个圆圆的东西，怎么……看着挺好，怎么吃着不太好吃呢？'他妈妈问：'你吃的是什么？'小朋说：'好像是叫橘子，皮太涩。'小朋妈一下子泪就落下来了：'你怎么连皮都吃了？橘子是不能吃皮的啊！'然后又埋怨孩子：'我不是告诉你别要人家给的东西吗？你怎么这么不听话！'"

"小朋哇哇地哭了。从那以后，小朋真的就从没有接受过任何人的赠品，现在见了面，连我们的烟都不抽。"

"小朋去年从清华大学毕业了，留在了北京，每月给他妈寄回二百块钱来。"

朋友的故事讲完，大家沉默了，好久都没说话。

这让我想起另一件事。

有一天，我与女友一起在她所在的那所大学食堂里吃饭。女友指着旁边一个穿得很简朴的学生悄悄对我说："那个男孩儿每次都要半份菜，专门拣最便宜的买。我注意过很长时间了，他总是最后一个来打饭，因为这时都是剩菜，大师傅给盛得多。"

我瞅了一眼那个男孩儿，见他坐在那儿默默地吃着饭，脸上是一副很沉稳的表情。那种沉稳让人感到震颤。要知道，那决不是痛苦，也不是满足，而是一种介于两者之间的、无声的隐忍。

在我们这个喧嚣的世界中，一些这样的苦孩子，沉淀在海底不声不响地生长着，他们并不为人所注意。应该说，这个年代里的诱惑实在太多了，他们可供选择的方式其实也有很多很多。但难能可贵的是，他们只选择了并一直坚持着这种最原始方式，而没有误入歧途。所以那些颇有优越感的人们一定得防着他们，总有一天，他会把你远远地抛在后面。

心灵感悟

我们无权选择自己的出生，但有权选择自己“苦孩子”的生活，把苦难当做一种财富，当成一种向上的动力。

敲门就进去

一个姑娘经历了诸多的挫折，怎么也找不到一个成功的入口。她很是迷惘，心情也很坏。

一次，她到美国旅游，在参观旧金山市政府的时候，兴致格外高涨，信步漫游。在市长办公室门口，她不由自主地敲了门，谁知，一个壮实威严的保镖走了出来，惊问道：“小姐，我能帮你什么吗？”她愣住了，不知该怎么回答。停顿了一会儿，心想，既然敲了门，那就进去看看吧。她精神十足地对保镖说：“我能进去看看市长吗？”

保镖仔细打量了她一番，说道：“可以啊，不过，你得稍等片刻。”说罢，他用监视器和市长通话，联系了见面的时间和地点。不一会儿，那个胖嘟嘟的市长，大腹便便地走了出来，很高兴地和她一起拍照、聊天，像一对神交已久的忘年交。

那一次，她特别高兴，心情很好。

结束了美国之行后，她悟出了一个道理：敲门就进去。明白这个道理之后，她便义无反顾地走下去，终于找到了成功的入口，成为国内某知名证券公司银行部的经理。

她就是央视《说名牌》双胞胎美女主持人之一——马嵘乔。

敲门就进去，是一种难得的精神，更是走向成功的敲门砖。不少人在敲响一扇门之后，心里忐忑不安、信心全无，进而转身离去。这是怎样的

一种遗憾啊！

既然敲了门，既然迈开了步子，为什么就不进去呢？是信心不够使然，还是勇气不够使然？长此以往，机会只是在眼前闪现片刻，便消失得无影无踪，成功的入口永远在遥不可及的地方。

长时间的坚持固然重要，但接近终点时，片刻的决断，往往显得更为紧迫和珍贵。我们也许有长途跋涉的勇气，有长期吃苦的准备。但有时，缺乏的正是敲门就进去的精神。

心灵感悟

良好的开端是成功的一半。而这“一半”毕竟还不是成功，“敲门就进去”，完成另一半，才是最美的结局！机会意味着成功，但机会并不是雨水，会随时落到你的头上，实际上它更像井中的水，需要你去努力地汲取。努力汲取，清凉甘爽的井水就会有你的一份。

成功的公式

直到16岁，他仍是懵懵懂懂地在学校混日子，打架、斗殴、抽烟、逃学，十足的坏学生，连老师都有些怕他，他从没觉得这有什么不好。16岁，正是情窦初开的年龄，那年他喜欢上了班上一个女同学，他给她写了一封情书，她鄙视地看了他一眼，竟然把他的情书贴到了学校的宣传栏里。虽然他的检讨书在宣传栏贴过不下20次，但这一次，不知为什么他感到一种刺痛。第二年，他就转学了，在后来的那几年里，他像变了个人似的，拼命地学习，竟然考上了湖南大学。

22岁，他大学毕业，顺顺利利地进了政府机关。每天一杯茶、一张报地在机关混日子，他觉得这日子过得也不错。有一回，他到乡下去探亲。亲戚竟然把一头狼像狗一样地养在家里看家护院，他惊问其故，亲戚告之，这狼自幼就与狗一同驯养，久而久之，这狼连长相都有些像狗，更别提狼性了。他当时看着那狼，想想自己，顿时有些心惊。

没多久，他就在别人的惋惜声中辞职了，去了深圳。他专到那些有名的外资公司去求职，而且他总是想方设法直接地向外方经理面送自荐信。

搞得那些外方经理个个莫名其妙："我们现在没有招聘需要啊！"他微笑着告诉对方："总有一天你们会需要招聘人的。"

后来，他真的被其中一家公司录用了。那一年，他24岁。

27岁，他因为成绩突出，被调到公司地处丹佛的美国总部。

上班的第一天，他按国人的习惯请美国的新同事共进午餐，然而，就在他准备买单的时候，同事们却一个个不合情理地坚持自己买自己的单。他当时觉得很是尴尬，但同时也明白到了些什么，于是更加努力地工作。

这是一个人的真实经历，他叫王其善，现在是位于美国丹佛市的全球第四大电脑公司的技术总监。

他告诉我们：16岁时的经历让我明白，一个人要想被他人接受，并且被他人尊重，首先得自己尊重自己；22岁的我开始明白，狼之所以失去狼性，是因为它没有学会独立；24岁的我知道，要想求职成功，首先自己要自信；而27岁在美国上班的第一天，我知道了美国人为什么要实行AA制：因为每个人都不能指望别人会为自己的人生买单。要想获得成功，你就得自己努力，根本就不能指望别人，这就叫自强。自尊加自立加自信加自强就等于成功，这是成功的公式！

心灵感悟

不断的自我发现、自我领悟，才是通向成功的坚实阶梯。老盯着别人的脊梁永远不会走在前面，只有不断调整自己的步伐才能健步如飞！一个人的价值首先决定于他在什么程度上和什么意义上从自我中解放出来。

比地心引力更伟大的定律

做物理教师的父亲带着他的儿子，走过一处果园。他想到牛顿的发现"地心引力"的典故，于是不失时机地教育启发儿子。

"看见那些果子没有？如果熟透了，会怎样呢？"

"我知道，会掉下来。"

"为什么总会落地，不会飞上天呢？"

儿子不明白。父亲平心静气地解释说:"'地心引力'是一种大自然的定律,是英国著名的科学家牛顿发现的。地球具有一种强大的力量,能够吸引世界上一切的物体,所以在自然界,所有的东西都逃不开地球牢牢的引力。每个人都发现苹果落地,但只有牛顿去钻研苹果为什么会落地……"

儿子似懂非懂,若有所悟,但很快又迷惑不解地问:"可是,爸爸你看看这些果树,树枝和树叶为什么不落地呢,而是朝上长的呢?"

这显然在父亲的答案之外,他一下子愣住了。是的,为什么呢?

"因为它们在好好活着!"父亲显然懂得植物的生长和太阳光的作用,但闪念之间,他找到了一个更适合孩子的答案。"在'地心引力'这条定律之外,还存在着一项更伟大的定律,那就是生命定律,生命的定律比地心引力具有更大的力量,它能够使很多有生命的物体,胜过地心引力,不断地向上生长。"

父亲指着地上的一朵小花,继续说:"你看这朵小花,只要是活着的时候,它能不断地向上生长;但若是把花折断了,它一旦失去生命,就只能接受地心引力的控制,掉落在地上。

所以,学校里才会让你'好好学习,天天向上',现在明白了吧?你应该好好锻炼身体,让成绩不断进步!"

后来,这位物理教师的儿子以优异的成绩毕业于名牌大学,随后进了一家跨国公司,业绩日增。

再后来他又辞职创业,公司迅速成长——有人问起他一生不停向上的动力是什么,他说:"生命就像一片叶子,没有停靠的地方。只有努力向上,才能好好活着,否则就跌落至底!"

心灵感悟

这则充满智慧的故事告诉了我们生命的真正意义。生命只有在克服自然界的地心引力之后才能昂然挺立,才能仰起那高贵的头颅。细细想来生活中有好多具有极强引力的事物,如:懒惰、放纵、偷安、诱惑——叩问你的内心:你能摆脱它们的吸引吗?你愿意摆脱吗?

第二篇

繁花只开给有梦的叶子

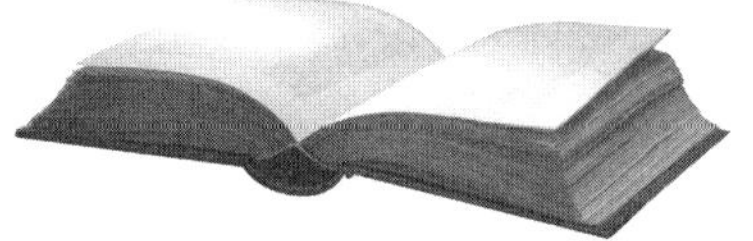

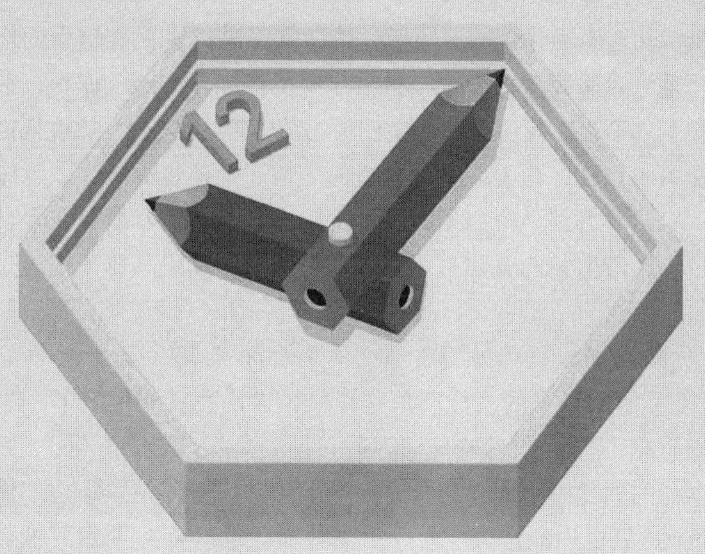

永远的红舞鞋

16岁那年夏天，索菲因为一次严重的车祸住进了医院。她的两条小腿粉碎性骨折，医生说她能够站起来的希望极其渺茫。索菲的母亲开始到康复器材商店里去打听轮椅的规格和价钱，索菲的妹妹甚至把姐姐的漂亮裤子剪裁下来做布娃娃。索菲很伤心，不久前她才和男朋友第一次约会，那个长得有点像著名歌星约翰逊的帅男孩说过有一天要娶她的，还说要把她带到海边一座童话般的小木屋里，让她在遍地的玫瑰花中做他最美丽的新娘！可现在他却不肯来看她一眼。"所有的这一切都像烟飘逝了啊！"索菲总是在每一个月光如水的夜晚悄悄地哀叹。

几个星期后，索菲所在的骨科病房里又住进来一位名叫黛特的20岁左右的女孩。她穿着一身素雅的白底蓝花的连衣裙，金黄色的鬈发上别着一枚波浪形的发夹，她总是甜甜地笑着，露出两个好看的小酒窝。如果不是亲眼看见黛特躺在病床上输液，索菲根本不会想到这个美丽乐观的女孩会是一个病人。健谈的黛特很快和索菲混熟了，她告诉索菲说不久她就要出院了。一想到病房里又将剩下自己孤孤单单的一个人和即将残废的现实，索菲就忍不住垂泪。

黛特知道索菲忧伤的原因后，就微笑着说："我的腿遭受的伤害曾经比你还严重，后来我努力配合医生治疗并坚持练习走路，你看，它现在差不多痊愈了。不久，我还要参加学校里的芭蕾舞大赛呢！"黛特抚摸着被裙子完全覆盖的双腿，脸上荡漾着喜悦的表情。她还告诉索菲，她住院前是洛杉矶一家明星舞蹈学校二年级的学生，去芬兰、俄罗斯和澳大利亚等国家演出过，她最擅长的舞蹈是芭蕾舞《天鹅湖》和踢踏舞《印第安田野上的秋天》。

"你的爸爸妈妈和男朋友怎么不来看你？"有一天，索菲奇怪地问黛特。"哦，他们会来的，他们总是很忙，再说我就要出院了，他们没有什么好担心的。"黛特笑吟吟地回答道。

索菲的腿比医生估计的要愈合得快，黛特很高兴，她说："你看，我不是讲过吗？只要你配合医生治疗，很快就会好起来的！"索菲被黛特的乐观情绪深深地感染了，她开始按照医咐拄着拐杖在病房里练习走路，可是由于伤腿里还安放着钢筋和螺丝钉，再加上长期卧床治疗，她的腿一挨地就钻心地疼。“索菲，千万不要放弃，我刚开始练习走路也是这样的，忍耐一段时间就好了。”黛特在一旁鼓励道。

然而，索菲在母亲的搀扶下每次只走了几分钟，就忍不住痛得趴在床沿上再也不想迈动脚步。“哦，你这样可不行，你不能走路，没有哪个白马王子愿意娶你的！换了我也不会。索菲，你想学跳舞吗？我向你保证，等你康复后我就教你跳舞，《天鹅湖》跳起来美极了，每次谢幕时我都会收到帅小伙们的大把鲜花；《印第安田野上的秋天》跳起来难一点，但像你这么聪明的女孩应该一学就会，到国外演出的时候，这一幕舞赢得的掌声是最多的……”

索菲被黛特描绘的美好前景鼓舞得信心倍增，她再次咬着牙站起来练习走路。慢慢地，她就可以不再依靠别人的搀扶自己拄着拐杖从病房的这边走到那一边。索菲开朗多了，她想，原来很多看似不可能的事情都在于自己的努力啊！有一天，索菲心血来潮地掀开盖在黛特身上的被子，要去看看她的腿恢复到什么程度了，怎么还不能出院。但黛特死死地压住长长的连衣裙，狡黠地笑着说：“这可不能看，我腿上还留有许多疤痕，难看死了。不过，我可以给你看几张照片，那是我以前跳舞时拍的。”索菲看见照片上的黛特亭亭玉立，双腿格外修长漂亮，不由感叹道：“我什么时候也能拥有这么美丽的腿啊？”黛特笑着说：“你只要坚持不懈地跳舞，双腿自然就会好看起来。所以，你现在最重要的是练习好走路。”

索菲开始拆除腿上的钢筋螺丝钉了，等她从手术室里回来时，她看见黛特的床头摆放着许多鲜花、贺卡和营养品。“我的爸爸妈妈和男朋友刚才来过了，他们要我代问你好。”黛特抑制不住幸福地笑着说。“下次见到他们，也请你代我问好。”索菲感激地说。黛特把一双精致美丽的红舞鞋送给索菲，“也许，明天我就要出院了，送给你留个纪念吧。还有，亲爱的索菲，你一定要记住，不管在任何苦难的处境中都不要悲伤和妥协，奇迹不是上天赐予的，是我们永不放弃的精神与不屈不挠的努力所创造的。”索菲懂事地点了点头，她看见黛特的脸色异常苍白，就关切地问她怎么了，要不要请医生来看看。但黛特摇摇头说不用了，她只是因为刚才见到爸爸妈妈和男朋友，心情太激动的缘故。

第二天早晨，从睡梦中醒来的索菲看见黛特的被子掉在了地上，于是她想叫醒黛特，却总是听不到回答。医生听见了，赶紧跑进病房，他翻开黛特的眼看了看，然后叹了一口气，惋惜地说："一个晚期骨癌患者坚持到这个时候才走，真不容易！"医生告诉索菲，黛特在一次车祸中失去了父母和男朋友，自己也被在齐膝盖处截去了双腿，她后来安了两条假肢。因为伤口感染，黛特的膝盖上面生了一个肿瘤，后来肿瘤恶化，癌细胞扩散到了全身，医生已经无力回天了。医生还说，因为化疗时脱光了头发，黛特那别着波浪形发夹的金色鬈发也是假的。

索菲将黛特送给她的红舞鞋紧紧地搂在胸前，泪光闪烁中，她仿佛看见黛特像美丽的天使一样又快乐地跳起了《天鹅湖》和《印第安田野上的秋天》。黛特的舞姿是那么优美流畅，脸上的表情是那么生动娇媚，她不仅仅是起舞在玫瑰色的阳光里，也长裙飘曳地含笑跳跃在生命的舞台上……

心灵感悟

奇迹不是上天赐予的，是我们永不放弃的精神与不屈不挠的努力所创造的。

驯马

创造神大梵天就要创造完世界了，突然他想起个好主意。

他把司库之神叫来，说："哦，司库之神啊，给我的作坊送来大量五大元素吧，我要再创造一种生灵。"

"宇宙之主啊！"司库之神回答说，"创造激情的初次奔流中，您创造了大象、鲸鱼、蟒蛇和老虎这类庞然大物，根本不顾惜您的库存。现在，大量有密度和能量的元素都快用尽了。水、火、土的存货已经少得不够派用场，可气和以太的存货多得都用不尽。"

四个头的大梵天听说后不由得愣了，用手去捋他那四绺胡须。过了好一阵才说："手头的东西有限，创造的余地就更大。你那里剩下什么都给我送来吧。"

这一次，大梵天一个劲儿地省着用水、火和土。这个新生灵既没爪子，也没犄角：牙齿只能用来咀嚼，不能用来撕咬。塑造它时用火用得那么小

心翼翼，结果它可以用于作战，却不好战。

这种动物就是马。

创造马时随意用去的气和以太多得惊人。结果，马总是一心想跑过风，甚至想跑出宇宙以外。其他动物只在有情况的时候才奔跑，马却动不动就跑起来了，好像它要跑出皮囊的束缚似的。它不想追逐，也不想厮杀，只愿意不停地飞奔，直至它缩成一个小点，融成一片混沌，汇成一团阴影，最后消失在一派虚空之中。

大梵天很高兴。他为他创造的生灵都安排了栖息地——有的生息在森林，有的潜伏在洞穴。大梵天赏识马飞驰疾走，却不恃快凌弱，就将它放在天堂下的广阔的大草原上。

大草原的一边居住着人。

人喜欢抢掠和囤积，还把抢来攒起的东西积少成多，直到成了沉重的负担，人心里总是不快活。所以，当人看见一种新生灵追风逐电，仰天长嘶，不由得打起算盘："要是我能捉住这匹马该多好，我就能用它那宽宽的脊背驮东西了。"

于是，有一天，人真的捉住了马。

人又给马装上鞍子，套好辔头；按时给马刷洗，好使它整洁健壮，也准备了鞭子和马刺，好提醒那马要是有自己的意志就大错特错了。

人还盖起围墙圈住了马，免得它在空地里会自由自在地奔跑，会逃脱人的管束。

于是乎，生息在森林里的老虎留在森林里，蜷伏在洞穴中的狮子留在洞穴中，而马呢，曾经奔驰在广阔的草原上的马到头来只得在马厩里熬日子。空气和以太在马的心里燃起不受束缚的强烈愿望，可它们又急急忙忙地把它交给了束缚。

马发觉自己受不了束缚之苦，就在马厩的墙上又踢又撞。

它的蹄子大受其苦，墙却岿然不动，只掸了几块墙皮，不那么漂亮罢了。

人生气了。

"真是恩将仇报！"他叫喊道，"我没给它吃，还是没给它喝？我难道没花大钱雇人日夜看守它？这畜生真是不知好歹。"

仆役们想让马识好歹，都急红了眼。他们一拥而上，用尽了一切有效的方法。后来，马不但再也不能又踢又咬了，而且没有本领干许多本来能够干的事了。

这时，人把亲朋好友、街坊邻居都叫来，得意扬扬地说：“朋友们，你们见过像我这匹这么忠诚老实的马吗？”

“从来也没见过！”众人同声回答说，“这马看上去安静得像沟里的水，驯服得像你信的宗教。”

谁都知道，马儿一落生就没长犄角，没长爪子，牙也不够锋利。它不能顶，不能抓，不能咬。现在呢，连踢踢墙，或是凭空踢腾踢腾也被阻止，唯一直抒胸臆的方法只剩仰天长嘶了。

然而，马嘶声打扰了人的酣梦。

还有，让邻居们听见，人家也不至于认为马儿是在唱赞歌。于是，人又想出法子不让马张嘴。

但是，人可不能不让马喘气，它既铸下这么个大错，马嘶声无论如何也不能完全抑制住。因此，马儿不时地发出一阵阵哀婉的嘶鸣。

一天，大梵天听见了马的嘶叫。

创造之神从禅定静寂中醒来。他瞥了一眼下界的草原，看不见马的踪影，不禁大吃一惊。

“准是你干的好事！”大梵天怒气冲冲地朝死神阎摩大吼，“你把马抢走了！”

“万灵之主啊！’死神回答说，“请原谅我怀有一颗对您最恶毒的疑心。如果您肯掉过头看看人那边，您创造的这个美好的世界上发生的许多不幸都可以得到解释了。”

大梵天低头一看，只见下界有个小圈子，筑着围墙，从里面传出一阵阵催人泪下的马嘶声。

大梵天皱起眉头，气冲牛斗。

他说：“除非你放了我的马，不然的话，我就让它像老虎似的长出利爪獠牙。”

人高声叫道：“助长残暴可不是尊神的品行。至于您创造的这个生命，说老实话，放了它，让它自行其是可不大合适。我给它修了这座马厩是为它的子孙万代的利益着想。——那不是建筑学上的奇迹吗？”

大梵天不肯让步。

“我愿服从您的智慧，”人说，“要是七天之后您还以为草原对马比我的马厩更合适，我愿谦恭地认输。”

说完，人就干他的去了。

他把马放出马厩，但是拴住了马的前腿。如此一来，马走起来的姿势可笑极了，就连青蛙都会笑破肚皮。

大梵天在高高的天堂之上也能看见他的马走路的那股滑稽劲儿，可他看不见拴着马的那条悲剧性的绳子。看见自己创造的生灵给它的神圣的造物主丢了脸，大梵天感到十分屈辱。

他喊道："我犯了个荒唐可笑的错误，真是功亏一篑呀！"

"大神啊！"人露出一副悲天悯人的神色，说，"我能为这个可怜的东西做些什么呢？如果您的天堂有草原的话，我很愿意尽全力把它送进天堂。"

"把它带回你的马厩去吧！"大梵天绝望地喊着，

"仁慈的神啊！"人说，"那将是压在人类身上多么沉重的负担呀！"

"那就是人道的负担呀！"大梵天自言自语着。

心灵感悟

往往看似简单的一件小事却蕴含着丰富的哲理，《驯马》向读者阐述了一个深刻的道理。作者从独特的视角，给读者耳目一新的感受，神话般的色彩跃然纸上。

先把帽子扔过墙

2002年，我带着某函授班的西班牙语甲等证书南下深圳去找工作，我的理想是当一名翻译。招聘会上，我勉强通过了笔译这一关，可到了口译和听译时，凭着单词量大才得到甲级证书的我却只能说结结巴巴的"中式外语"。对方见我的笔译还可以，便问："我们还有一份打字员的工作，你愿意做吗？"就这样，我成了"利来"翻译公司的一名员工，只是离我心爱的翻译工作还很远。

听说新员工欢迎会上需要一名主持人，为了给未来的同事们留下一个好印象，我也不知道哪里来的勇气，大声说："让我来做吧！"老板略带狐疑地看了看我，"也好，你只需把串联词背流利就行了。"

在小镇长大的我哪里见过这样盛大的场面：精美的自助晚宴，豪华的舞池和衣着不凡的员工。在光亮耀眼的聚光灯下，我的脑中一片空白，呆立在那里，会场马上骚动起来，最后只能由老板上来打圆场。第二天，当

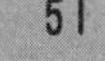

我走进办公室的时候，看见有人掩嘴窃笑："没那个本事，夸什么海口啊!"我觉得丢人极了，只能红着脸坐在打字机前。如果不是那张通知，大概连我自己也没有勇气提起曾经的梦想——当一名翻译。

那张贴在入口处的通知上写着：由于业务量增大，需要会第二外语的翻译，特别是西班牙语和波兰语。当人们慢慢散去时，我还站在通知前，反复地问自己："吴楠，你要不要吹一次'牛'，让老板再给你一次机会?"正犹豫着，一个婀娜的身影走过来，扫了我一眼，语气尖酸地说："小姑娘，量力而行啊!"原来是刘婷。她在"利来"算元老级人物，平时就数她喜欢打趣我的往事了。

我思前想后，越想心越烦，索性一咬牙冲进了老板的办公室，一口气说下去，"老板，我是学西班牙语的，虽然我的口语不好，但我可以练习!"老板放下正在处理的事情，抬头说："那么，你说几句我听听。"虽然我尽量用流利的西班牙语应对，可他失望的脸色告诉我：我还是失败了!老板挥了挥手说："先回去工作吧!"我垂头丧气地拉开门，开到一半，又不甘心地转过身来说："请您再给我一段时间，我一定让您满意!"老板头也不抬地说："那你一个月后再来吧!"

我兴高采烈地回到那台小小的打字机前。不一会儿，刘婷捧着一摞资料走过来："听说你去面试了?"我点点头："老板给了我一个月的时间。""那不过是安慰你呢!"刘婷重重地放下手中的资料，"下班之前必须打好!"我的心里难过起来，难道自己做错了吗?我非常喜欢西班牙的一句谚语："面对一座高墙，却没有勇气翻越时，不妨先招自己的帽子扔过去。"先把帽子扔过墙，就意味着一定要翻过高墙才能把帽子取回来；先把帽子扔过墙，就帮助自己下定了决心。

我把几个月口挪肚攒的钱全都花在了磁带和书籍上，因为我已经当着老板的面，把帽子扔过墙了，现在不能退缩，只能想办法翻过这堵墙!我夜以继日地听着、读着。打字的时候、吃饭的时候、走路的时候、坐公共汽车的时候，甚至睡觉的时候，我的耳朵里都塞着耳机，口袋里放着单词手册。

一个月很快就过去了。我的调动通知贴出来时，大家纷纷走过来祝贺我，刘婷在一边不好意思地望着我。我做了个深呼吸，向这个以前频繁嘲笑我的人走过去。在一份不知道会不会成为友谊的面前，我依然愿意先把帽子抛过墙。

心灵感悟

面对高墙，你想翻过去，就得有勇气。把自己的帽子扔过去，就是在帮助你更加坚强你的信心。没有爬不过的山，没有蹚不过的河，只要你努力，没有什么不可以做得到的。

不是“废话”

在英国，所有的灯泡的包装纸上都印着这样一句警告：Do not put that object into your mouth！意思是不要把灯泡放进口中！是不是有点儿搞笑？有谁会神经病地把灯泡塞进嘴里？有一天，我和朋友谈到这个问题。他突然很认真地告诉我，有本书上也这么说，原因是灯泡放进口中后便会卡住，无论如何都拿不出来。

但对此我十分怀疑，我认为灯泡表面十分光滑，如果可以放进口中，证明口部足够大，因此理论上也应该可以拿出来。回到家中，我拿起一个灯泡左思右想，始终觉得我的想法没错。本着“大胆假设，小心求证”的精神，我决定证实一下。为此我专门买了一瓶食油，以防卡住拿不出来时再用。一切就绪后，我把灯泡放进口中，不用一秒钟灯泡便滑入口中，照这样看，要拿出来绝无问题。接着，我轻松地拉了灯泡一下，然后再加点儿力，又把口张大一些，妈妈呀，真的卡住拉不出来了！好在还有瓶油……30分钟后，我倒了四分之三瓶油，其中一半倒进了肚子，可那灯泡还是动也不动。我只好打电话求救，号码揌了一半，才记起口中有个灯泡如何说话？只好向邻居求助，我写了张纸条便去找邻居MM，她一见我就狂笑，笑得弯下腰还流口水。

半小时后，她还是挣扎着帮我去叫了“的士”。司机一见我，也笑得前仰后合。在车上他不停说我的口太小，还说如果是他，就没问题。他的口真是大，但我好想告诉他，无论如何不要试。

在医院，我被护士骂了10多分钟，说我浪费她的时间。那些本来痛楚万分的患者，见了我都好像没病了，人人开怀大笑。医生把棉花放进我口的两旁，然后轻轻把灯泡敲碎，一片片拿出来。

当我打开诊室的门，要离开医院时，迎面来了一个人，正是刚才那位司机，他口中正含着一个灯泡……

多少人就是不愿听取善意的劝告，非要以身试“法”不可，最终自食其果，方知自己的莽撞买了一份难得的教训。我相信，文中的“我”、司机，以后是一定会相信那些善意的劝告的。

去冒次险吧

办公室分来一个大学生，姓唐，学计算机的。偏偏干上了最不愿意从事的秘书工作，材料写不好，经常挨领导批评，不到半年，初来时的朝气已被磨得无影无踪，于是想辞职去打工。同事们劝他：现在找工作多难啊，慢慢熬吧，国营企业好歹安稳些。

那天，领导要小唐写一份简报，七八百字，愣是被领导圈得一无是处。小唐终于耐不住，找到我说：“我要辞职，你有什么看法？”

我沉默了一会儿，说：“辞吧，做自己不喜欢做的事情，不如在自己喜欢做的事情上碰个头破血流。毕竟，后者才是自己的意愿。”

接着，我跟他讲了我的故事。5年前。我从部队转业，怀揣着发表的成摞的新闻、文学作品，在省内一家报社找了一份做记者的工作，每月收入千把块钱，不好不孬，自己挺喜欢。几个月后，我接到通知，自己应聘某知名出版社编辑的事情有戏了。然而，就在这时，父亲告诉我军转安置开始了。我跟父亲说我要去出版社，父亲说：“别冒险了，安置个工作多不容易啊，别人想来还来不了呢！”就这样，我犹豫着来到了这家国企上班。

转过身来，看看那些当年和我一起工作的朋友，如今一个个八面威风，有的当了编辑部主任，有的成了政府公务员，房子、车子，该有的都有了。于是觉得有说不出的失落。不知多少个深夜，扪心自问：后悔了吗？是的，我真的有些后悔。

最后，我对小唐说：“去吧，去冒一次险吧！人这一生，应该按照自己的意愿做些事情，把自己放在大风大浪里扑腾扑腾，不论成败，都值！”

许多情况下，我们都在他人善意的劝告下，放弃了“冒险”，事实上，我们根本就没有看到哪个人因为“冒险”被饿死、冻死，抑或淹死，而与那些真正敢于“冒险”的人相比，我们更显得碌碌无为。

心灵感悟

的确，在我们生活中，从来没有看见谁因为“冒险”被饿死、冻死或淹死的，相反，倒是看见很大一部分人抱着撑不死也饿不死的心理，慢慢熬。这与温水煮青蛙的故事没有什么两样！

人生准则

30年前，美国华盛顿一个商人的妻子，在一个冬天的晚上，不慎把一个皮包丢在了一家医院里。商人焦急万分，亲自连夜去找。因为皮包内不仅有10万美金，还有一份十分机密的市场信息。

当商人赶到那家医院时，他一眼就看到了，清冷的医院走廊里，靠墙根蹲着一个冻得瑟瑟发抖的瘦弱女孩，在她怀中紧紧抱着的正是他妻子丢的那个皮包。

原来，这个叫希亚达的女孩，是来医院陪病重的妈妈治病的。相依为命的娘俩家里很穷，变卖了所有能卖的东西，凑来的钱还是仅够一个晚上的医药费。没有钱明天就得被赶出医院。晚上，无能为力的希亚达在医院走廊里徘徊，她希望能碰上好心人救救她妈妈。突然，一个女人经过走廊时腋下的一个皮包掉在了地上。希亚达走过去捡起皮包，急忙追出门外，那位女士却上了一辆轿车扬尘而去了。希亚达回到病房，当打开那个皮包时，娘俩都被里面成沓的钞票惊呆了。妈妈却让希亚达把皮包送回走廊去，等丢皮包的人回来取。妈妈说，丢钱的人一定很着急。人的一生最该做的就是帮助别人，急他人所急，最不应做的是贪图不义之财，见财忘义。

虽然商人尽了最大的努力，希亚达的妈妈还是抛下孤苦伶仃的女儿死了。而她们母女俩不仅帮商人挽回了10万美元的损失，更主要的是那份失而复得的市场信息，使商人的生意如日中天，不久就成了大富翁。被商人收养的希亚达，读完大学就协助富翁料理商务。

富翁临危之际，留下一份令人惊奇的遗嘱：

在我认识希亚达母女之前我就已经很有钱了。可当我站在贫病交加、生命垂危却拾巨款而不昧的母女面前时，我发现她们最富有，因为她们恪守着至高无上的人生准则，这正是我作为商人最缺少的。我的钱几乎都是通过尔虞我诈、明争暗斗得来的。是她们使我领悟到了人生最大的资本是品行。我收养希亚达既不为知恩图报，也不是出于同情，而是请她给我当一个做人的楷模。有她在我的身边，我会时刻铭记，哪些该做，哪些不该做，什么钱该赚，什么钱不该赚。这就是我后来的业绩兴旺发达的根本原因。

心灵感悟

富翁的遗嘱告诉我们做人的准则，特别是一个商人的人生准则。他留下希亚达不是因为报恩，也不是因为怜悯，而是请她作楷模！

手比头高

常记起父亲发脾气的样子：眼睛直直地瞪着你，高声数落。在我顶嘴拒不认错的时候，他甚至会粗鲁地攥紧老拳，连眉毛都竖起来，样子可怕极了。

记得刚参加工作的那些日子，面对盛怒的父亲，我伤心又沮丧。我默不作声，心里却在说：不要再像管小孩一样管我！

那时对生活、对工作都有许多自以为得意的想法。我讨厌日常工作和生活中的琐碎小事，对父亲给予我的“大事做不来，小事不愿做”之类的评价嗤之以鼻。我迫不及待地告诉家人，我拥有许多听众，我的同学、同事和新交的朋友都愿意听我演讲。我眉飞色舞地对家人说：“在快节奏的现代生活中，演讲是一门实用性很强的艺术，拥有听众，就拥有成功。”父亲朝我一瞟：“这么说，你的知音可多了？”我愈发得意起来：“那还用说，当然啦！”我忘情地等着父亲更热烈的赞扬。

可是我想错了，我抬头看见坐在对面的父亲正一脸怒气地盯着我。他眉头拧起来，脸绷得紧紧的，把筷子放到一边。我感到惊愕，避开父亲的目光，自言自语地轻声说：“我哪儿说错了吗？”

“你以为你都对？”父亲几乎是咬牙切齿地说，“你对个屁！”

我控制不住自己的情绪，叫了起来：“不，我是对的，不对的是你，这么粗鲁，这么简单，这么不理解人。你真是让我受够了！”

“闭嘴！”父亲的手似乎有些颤抖，他腾地站起来，挥着胳膊大声命令我，“把手举起来！”

我无法理解他，觉得他非常可笑。家人都不知怎么回事，只有母亲附和着也叫我把手举起来。我再也咽不下这口气，拔腿走出房间。

父亲在身后高喊：“给我回来！”

可我没听，我想以出走迫使他明白自己是过分了。

举而，没等我跨出房门，就被父亲一把抓住了。他紧紧握着我的胳膊，使劲让我转身。我看见父亲已鬓发花白，愤怒使他的脸涨得紫红紫红的。我从对峙中软了下来，让他把我拽回餐桌旁。

他把我按到椅子上坐下，口气严厉地说：“叫你举手，不服气？你把手举起来，我要你好好看看，手比头高！这意味着什么？这意味着无论什么时候，干总是第一重要的。不管你想得多好，讲得多好，你都得要干，要动手干！夸夸其谈，只能一事无成，你难道想做那样的人？”父亲一口气说下来，我在他的眼中看到有泪光闪动。

“手比头高！”父亲的这一席话如同掠过平岗的疾风，一下子启开了我的心智。我终于悟出了自己的浮躁与浅薄。望着父亲因激动而泪光盈盈的眼，我感受到了他急切却深沉的期盼。那是父亲对儿子才会有的期盼！我浑身一热，想对父亲说些什么，可话到嘴边怎么也说不出来。

几年过去了，当时最想对父亲说的那句话一直在心头：“父亲，错怪您了，我不知错怪您多少回！”

心灵感悟

徐霞客游遍九州，得以编成千古奇书《徐霞客游记》；李时珍亲尝百草，于是便有了医学著作《本草纲目》的诞生。而俄国作家屠格涅夫笔下的罗亭空有豪言壮语，在行动上却一事无成，注定只是“语言的巨人，行动的矮子”，为世人所耻笑。

由此可见，壮丽人生的种子，一定是播种在土壤里，成长于坚毅中，收获在阳光下。你付出了，就能收获到！

贝多芬只有一个

年轻的贝多芬闯荡维也纳，他在那儿找到了崇拜者，也是朋友兼房东——李希诺夫斯基亲王一家。

亲王全家对他关怀备至、体贴入微，用知情者的话来说，他们“恨不得把他置于玻璃罩中，以免遭受不洁空气的污染”。对此，贝多芬自然心存感激。但这感激是有原则的、有限度的，他决不会因此变得低三下四，卑躬屈膝，因而才有日后和亲王一家尖锐的冲突。关于冲突的细节，民间流传有多种版本，叙述不一，本文姑且撇开不谈。有一点是肯定的，那就是：亲王企图通过爵位的尊严，迫使贝多芬改变自己的意志。贝多芬勃然大怒，他当下搬出亲王的宅邸，并宣布与之绝交。他在致亲王的绝交信里写道：

“您之所以成为一个亲王，是由于偶然的出身；而我之所以成为贝多芬，却是由于我自己。亲王现在有的是，将来也有的是；而贝多芬永远只有一个！”

贝多芬失聪而不失志。耳聋，对常人而言是部分世界的死寂，对音乐家而言则是整个世界的毁灭！整个世界毁灭了而贝多芬依然挺立，他捕音为凤，谱曲为凰，于烈火余烬中重建欢乐的世界。

我很欣赏贝多芬的自尊、自傲与自豪，这是卑贱者的真理。任何高贵的出身，都不过纯属偶然，而卑贱者通过自身的奋斗，却能创造出高不可及的必然。牛顿出身农家，而且是遗腹子，生下来就没有父亲，他依靠自己的努力，而后不是跃为有史以来最伟大的科学泰斗？达·芬奇是私生子，生母、继父都是农民，这样的小可怜，日后不也跃为文艺复兴时期的第一巨人？

贝多芬就是艺术世界的牛顿，音乐王国的达·芬奇。他是唯一，自鸿蒙初辟、混沌初开以来的唯一，不可复制的唯一，万难克隆的唯一，无从取代也无法摧毁的唯一！

最初接触到贝多芬的特立独行，是三十年前，在西洞庭湖农场，一灯如豆的晚上。茅庐外风急雨斜，蚊帐内长吁短叹。失意而兼失眠，无奈而又无聊。这时，贝多芬的铿锵话语，顿使我眼前一亮，刹那间背脊也似乎挺直许多，硬朗许多。“昔如埋剑常思出，今作闲云不计程。”而今，当我在南窗下重温贝多芬的诤言，感兴趣的，已不再是他的自我奋斗、自我崛起，而是他的成长背景。

贝多芬生活的时空，前有康德，后有尼采，左有莫扎特，右有歌德，周边还有左拉和拿破仑、俾斯麦和米拉波，以及丹东……那是一个“千山风雨啸青锋”的欧洲大陆，那是一个“我劝天公重抖擞，不拘一格降人才”的欧洲大陆，唯其如是，才有了音符的狂飙从他的五线谱上挟势飞腾；唯其如是，他才得以借用拿破仑的十指，向世界，向冥冥中的命运，奏响他的《英雄交响曲》！

心灵感悟

贝多芬不需要偶然的高贵出身，他凭着自尊、自傲的性情，拥有了《田园》的静谧、《月光》的温情、《献给爱丽丝》的浪漫，拥有了难以重复的高贵人格。他生于一个狂飙突进的伟大时代，虽然双耳失聪，但却扼住命运的咽喉，谱下雄浑、激昂的《英雄》，奏出了时代的最强音。

贝多芬，对于音乐，对于时代，对于世界，只有一个。

精彩的是心灵

毕业那年，学校推荐五位同学去报社应聘，结果唯有他落选。

那四位同学进了报社后，彼此默默地展开了竞争，每个人的发稿量均在报社中名列前茅，且多有些颇具影响力的佳作。

这时，在某县城中学教学的他，连连地感叹——没有给自己那样的机遇，否则，凭着自己的文学功底，丝毫不会逊色那四位同学的。而现在他只能待在校园这方狭窄的天地里，自然难以接触到大千世界里的那些丰富多彩的人生了。

一日，他陪记者去大山深处采访一位剪纸老人。他惊讶于那位一生未曾走出大山又不识字的老人高超娴熟的技艺——只见他随便地拿过一张纸，折叠几下，剪刀如笔走龙蛇，眨眼工夫，便魔术般地变成了一幅精致的作品。轻巧的构图、流畅的线条，形态万千，那样自然、巧妙，又那样美观、大方，他和记者看得都呆了。

他禁不住问老人：“你几乎足不出户，怎么能够剪出这么漂亮的图案？”

老人笑了：“因为我心里有啊，心里有个精彩的世界，才能在手上表现出来呀。”

他怦然心动：原来，自己总以为只有面对精彩的世界，才能有精彩的创造。孰不知如果暗淡了心灵，即使面对再精彩的生活，也会熟视无睹的。

此后，他怀着一腔热情边教书、边写作，他的精美的文章频频地出现在各类报纸杂志上，他利用寒暑假采写的纪实作品也连连获奖。

数年后，他又考取了研究生，成为一所高校里颇受同学敬佩的副教授，还是国内颇有名气的自由撰稿人，其名气早已远远超出那四位当初让他羡慕不已的同学。

那个秋天，我和我的许多同学正为大学毕业后工作无着或不理想而苦恼时，他给我们讲完自己的这段经历，整个教室里掀起了雷鸣般的掌声，大家真正读懂了黑板上的六个大字——精彩的是心灵。

心灵感悟

当你的目光紧紧盯在别人拥有的光环上时，你就会忘记自己内心力量的修炼，而人内心的力量才是最宝贵的，也是苛刻的现实和无情的打压所无法抑制的。当你内心足够强大的时候，你会发现你的世界将是超乎你想象的宽广。所以当你不得不面对你无法改变的现实的时候，你要做的就是修炼你的内心，将磨难、不公踩在脚下作为你成功的垫脚石。

繁花只开给有梦的叶子

在今日美术馆里，看到叶锦添的一幅名为《浮叶》的装置作品，一条有力决绝的腿，背负着一片巨大无边的叶子，奔向未明的远方。玄色的灯光下，我站在那里，突然地就被打动，这样的奔跑，多么像叶锦添自己的人生，永远不知疲倦，永远隐在繁华张扬的生命之下，执著地，永不休止地，向前奔跑。

本是他美术作品的讲座，专家们皆侃侃而谈，唯独他，戴一顶黑色的棒球帽，穿一袭黑衣，在角落里，略略紧张地低头在一小片纸上画着花草。他的作品，是那样的华丽繁复，又简约干净。从《大明宫词》到《卧虎藏龙》，再到奥斯卡奖的舞台，这只是外人看到的繁花，而他，却在这一路繁花之下，隐匿成一片静寂的叶子。

他的童年，是灰色的。多子女的家庭，让他总是轻易地便被忽略掉。成绩亦是不好，考了几次，最终，还是被大学拒绝了。他从来对自己没有过自信，但正是这样的卑微，让他拼命地读书、画画、机不离手地拍照，在最热闹的时候，躲起来，放任艺术的翅膀，天马行空地飞翔。他在任何一个场合，都不会引起人的注意，那一顶永远戴着的帽子，是他的雨伞，他说，只有这样，他才会有勇气，在不被人关注的间隙，埋头、用力地、奔跑。

他出过的一本叫《繁花》的书，当是他在静夜里一个人的私语，亦是他写给所有与自己一样，有梦又自卑的孩子。叶锦添，他的名字，多么的好，只有甘心做一片叶子，才会锦上添花。繁花，是开给外人看的，而那靠近花的叶子，只有它自己知道，这一程向上的时光，其实远比这繁花更加的美丽妖娆。

心灵感悟

每一片叶子，都向往靠近花朵；而每一朵花儿，也期待着与绿叶相逢。生命中的春天，总是在花叶之间，缤纷多彩。而一路向上的时光，就这样成为生命最美的姿态。

受了挫折的阳光

一位母亲在雨后的下午带着她的孩子散步，忽然他们见到远处出现了一道彩虹。

“妈妈，你看，彩虹！”

“是的，妈妈看到了，美吗？”

“美！”

“孩子，其实彩虹就是阳光，知道吗？”

“阳光？平时见到的阳光怎么没有这么美呢？”

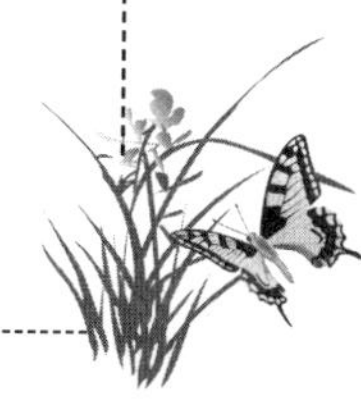

“因为在雨后，空中残留着的雨雾把阳光折射了，从而产生了七彩的光芒，变得更加美丽。”

“明白了，彩虹就是受了挫折的阳光。”

太阳的光芒无论以什么形式释放，都充满着希望。

雨后的阳光照在母亲的脸上，也照在孩子的脸上，还有孩子身下的那张轮椅上。

心灵感悟

“彩虹就是受了挫折的阳光”——孩子不是诗人，却吟出了一句令人怦然心动的诗。

乍读，不明白妈妈为何要对年幼的孩子畅谈人生的挫折；读到文章最后一句“也照在孩子身下的那张轮椅上”时，才恍然大悟，原来孩子正经受着残疾——这一人生挫折的严峻考验。妈妈真是用心良苦啊！真佩服这位年轻的妈妈，她善借于物，寓教于乐。

受了挫折的阳光更美丽。以后，当我们遭遇挫折时，不妨想想这对母女在阳光下的精彩对话。

报复与报答

有两位贫穷的父亲，各自送自己的孩子到一位画家那里学画。

一位父亲教导孩子说：“孩子，你要记住那些侮辱、轻视、嘲弄过你的人，好好学画，将来有出息后，去狠狠报复他们。”

另一位父亲教导孩子说：“你要记住那些怜悯、同情、施舍过你的人，好好学画，将来有出息后，去好好报答他们。”

两个孩子从师学画后，都很努力，深得画家的喜爱。

画家最擅长画神像，便让两个孩子学画神像。

几年后，他们画的画便有了分晓。那位心存感恩的孩子，画的神像总笼罩着一层祥和纯洁的光辉，深受人们的喜爱和推崇。父亲看了他的画之后，激动地说：“孩子，我终于看到了，看到了你用这种最好的方式报答了你要报答的人们，你用神的光辉沐浴、净化了人们的心灵。”

而那个心怀仇恨的孩子，画的神像总放射出一种凶恶而阴森的光芒，让人不寒而栗，避而远之。父亲看了他的画之后，心有不甘地说："你怎么画不出像那个孩子画的神像呢？"这个孩子痛苦地说，他在画神像时，总会出现那些侮辱、轻视、嘲弄过他的人的面孔，鼻子、嘴唇等等都是他们的，都是一张张令他仇恨的脸谱。父亲听了孩子的话后，不由长叹了一声："唉，报复别人终于报复了自己啊！"

心灵感悟

常言说"种瓜得瓜，种豆得豆"，谁种下高粱收高粱，谁种下善良得善良，谁种下高尚和高尚，谁种下蒺藜谁遭殃！

人多的地方没有积雪

和许多人一样，我也喜欢雪。尤其喜欢在雪地上走路，"咯吱、咯吱"的声音真像是一种音乐，入耳即醉。

一天，正在雪地里慢慢地走着，忽然惊奇地发现：人多的地方没有积雪。其实这是一个常见的事实。经多人踩过的雪路已经变得瓷实，很少有浮雪会把鞋子沾湿。而很多人留下的脚印会陷成一处一处的小凹，走上去似乎有了把脚的稳妥。而鞋子过得多了，鞋底聚集的热量也会把雪融化得快些，于是这条雪路也就更加瓷实稳妥。到后来，自然就吸引了越来越多的人去走这条显明明正经经的大道。——这就是所谓的正途么？

而在堆满积雪的地方，雪蓬松松地卧着，平静中似乎又包含着莫名的危机。谁知道这雪下面会藏着什么呢？或许会是扎肉的钉子，或许会是崴足的石头，或许会是木疙瘩支出的磕绊，或许就是玷污了鞋子的垃圾和粪便。于是就都不去走，越不去走人就越少。到后来，等积雪越堆越厚，就堆成了路两边神秘的疑阵和隐匿的危机。

于是，人多的地方就没有积雪。就多了顺畅，多了安心，多了恬静，多了平俗，多了摩肩接踵、随波逐流、一生无波的路人。——也于是，另外一些地方就多了不动声色的积雪，就多了尝试，多了摔跤，多了伤痛，多了冒险，也多了挖掘丰盛、创意繁茂、感受奇美的舞者。

人多的地方没有积雪。但更多的人们还是喜欢往没有积雪的地方去走。所以，看到别人从积雪中找出那些你想象不到的宝贝的时候，不要抱怨命运不给自己成功的机会。你难道没有发现么？那些人的双靴都已经被雪润透了，而你的双靴却是那么的光洁干爽，没有一点儿新奇的历史。

心灵感悟

鲁迅说："地上本没有路，走的人多了，也便成了路。"这本无任何疑惑的论断，在读了本文之后，竟然使我的心疑惑起来。走的人多了，那路还成其为路么？还应该是我的路么？

深远的眼光

一个年轻人谢诺阿在路上与他大学时期的教授德里巧遇，老教授关心地询问谢诺阿的近况。

经昔日的恩师这么一问，谢诺阿仿佛久旱逢甘霖一般，将离开了学校，进入目前工作的公司，所有遭遇的不顺利情形，一五一十地向德里教授尽情倾诉。

德里教授耐心地听着谢诺阿的抱怨，好不容易等到谢诺阿告一段落，老教授才点点头，说："看来，你的状况似乎并不理想。不过，重要的是，你有没有想过要改变这种现况，让自己过得好一点呢？"

谢诺阿急忙回答："我当然想要过得更好呀！教授，有什么诀窍吗？"

老教授神秘地笑了笑："的确有诀窍，你明天晚上若是有空，到这个地址来找我！"说着，德里教授递了一张名片给谢诺阿。

第二天晚上，谢诺阿来到德里老教授的住处，那是市郊的一处简陋的平房。老教授看到谢诺阿，高兴地在屋外摆了两张摇椅，要谢诺阿坐下来陪他聊天、看星星。

德里教授言不达意地和谢诺阿聊了半晌，谢诺阿急躁起来，急着要德里教授告诉他，如何才能使自己过得更好。

德里教授微笑地指着天上的星星说："你数得清天上有多少颗星星吗？"

谢诺阿抓了抓头，困惑地说："当然数不清了，这和我有什么关系？"

德里教授望着谢诺阿，语重心长地说：“孩子，在白天，我们所能看到的最远的东西，是太阳；但在夜里，我们却可以见到超过太阳亿万倍距离以外的星体，而且不只一个，数量是多得数不清的……”

谢诺阿若有所悟，时而抬头看看星星，时而低头沉思，想着德里教授所说的话。

德里教授继续说道：“我知道你的处境不顺利，但若是年轻时便一帆风顺，终其一生，你也只不过看到一个太阳；重要的是，当你的人生进入黑夜时，你是否看到更远、更多的星星？”

谢诺阿的思绪仿佛进入宇宙的最深邃之处，感觉自己犹如站在埃勒斯峰顶，一片大好的未来美景，正在他的眼前展开来……

心灵感悟

善于在暗夜中摸索的眼睛最为锐利，敢于翻越险山绝壁的心灵尤为坚强。

行走在人生的旅途中，年轻的你，是选择耀眼阳光下一览无余的平川，还是星星微光中刺激挑战的险滩呢？

异样的光芒

1954年，当美国著名作家海明威上台接受诺贝尔文学奖时，他却谦虚地说道：“得此奖项的人应该是那位美丽的丹麦女作家——盖伦·璧森。”

海明威所说的这位丹麦著名女作家，就是那位曾经凭借电影《走出非洲》获得好莱坞奥斯卡金像奖的女主人公。《走出非洲》这部电影的结尾，打上一行小小的英文字：盖伦·璧森返回丹麦后成了一位女作家。

盖伦·璧森（1885—1962）从非洲返回丹麦后，不但成为一位享誉欧美文坛的女作家，而且在她去世30多年后的今天，她和比她早出世80年的安徒生并列为丹麦的“文学国宝”。她的作品是国际学者专研的科目之一，几乎每一两年便有英文及丹麦文的版本出现。她的故居也成了“盖伦·璧森博物馆”，前来瞻仰她故居的游客大部分是她的文学崇拜者。盖伦·璧森离开非洲的那一年，可以说是什么都没有的一个女人，有的只是一连串的厄运：她苦心经营了18年的咖啡园因长年亏本被拍卖了；她深爱的英国情人因飞机失事而毙命；她的婚姻早已破裂，前夫再婚；最后，连健康也被剥夺了，多年前从丈夫那里感染到的梅毒发作，医生告诉她，病情已经到了药物不能控制的阶段。

回到丹麦时，她可说是身忧分文，除了少女时代在艺术学院学过画画以外，无一技之长。她只好回到母亲那里，仰赖母亲，她的心情简直是陷落到绝望的谷底。

在痛苦与低落的状况下，她鼓足了勇气，开始在童年老家伏案笔耕。一个黑暗的冬天过去了，她的第一本作品终于脱稿，是七篇诡异小说。

但是，她的天分并没有立刻受到丹麦文学界的欣赏和认可。她的第一本作品在丹麦饱尝闭门羹；有的甚至认为，她故事中所描写的鬼魂简直是颓废至极。

盖伦·璧森在丹麦找不到出版商，便亲自把作品带到英国去，结果又碰了一鼻子灰。英国出版商很礼貌地回绝她："男爵夫人，我们英国现时有那么多的优秀作家，为何要出版你的作品呢！"

盖伦·璧森颓丧地回到丹麦。她的哥哥蓦然想起，曾经在一次旅途中认识了一位在当时颇有名气的美国女作家，毅然把妹妹的作品寄给那位美国女作家。事有凑巧，那位女作家的邻居正好是个出版商，出版商读完了盖伦·璧森的作品后，大为赞赏地说，这么好的作品不出版实在是太可惜了。她愿意为文学冒险。1943年，盖伦·璧森的第一本作品《七个哥德式的故事》终于在纽约出版，并一鸣惊人，不但好评如潮，还被《这月书俱乐部》选为该月之书。当消息传到丹麦时，丹麦记者才四处打听，这位在美国名噪一时的丹麦作家到底是谁？

盖伦·璧森在她行将50岁那年，从绝望的黑暗深渊一跃而成为文学天际中一颗闪亮的星星。此后，盖伦·璧森的每一部新作都成为名著，原文都是用英文书写，先在纽约出版，然后再重渡北大西洋回到丹麦，以丹麦文出版。盖伦·璧森在成名后说，在命运最低潮的时刻，她和魔鬼做了个交易。她效仿歌德笔下的浮士德，把灵魂交给了魔鬼，作为承诺，让她把一生的经历都变成了故事。

盖伦·璧森把她一生各种经历先经过一番过滤、浓缩，最后才把精华部分放进她的故事里。她的故事大都发生在100多年前，因为她认为，唯有这样，她才能得到最大的文学创作自由。熟悉盖伦·璧森的读者不难在其作品中看到她的影子。

盖伦·璧森写作初期以Lsak Dinesen为笔名，成名后才用本名。Lsak，犹太文是“大笑者”的意思。她之所以采用这个笔名，也许是在暗示世人，以笑声面对残酷的命运。

盖伦·璧森成为北大西洋两岸的文学界宠儿后，丹麦时下的年轻作家皆拜倒在她的文学裙下，把她当女王般看待。74岁那年，她第一次拜访纽约，纽约文艺界知名人士，包括赛珍珠和阿瑟·米勒皆慕名而来。但盖伦·璧森为她的文学也付出了很大的代价，她的梅毒给她带来极大的肉体痛苦，当梅毒侵入她的脊柱时，她常痛得在地上打滚。晚年时，她变得极其消瘦、衰弱，坐立行皆痛苦不堪。

盖伦·璧森死时77岁，死亡证书上写的死因是：消瘦。正如她晚年所说的两句话：“当我的肉体变得轻如鸿毛时，命运可以把我当做最轻微的东西抛弃掉。”

心灵感悟

“仰天大笑出门去，我辈岂是蓬蒿人。”这是诗仙李白怀才不遇时表现出的乐观与自信。“以笑声面对残酷的命运”，这是外国女杰盖伦·璧森面对厄运时的坦然和平静。

人一生可能遇上大大小小的困境，如果我们能够举重若轻，化压力为动力，不懈地努力，我们一定会迎来豁然开朗、柳暗花明的那一天。

勇敢的头

为什么这辈子我再不打猎了？

这其中有一个故事。过去，打猎的季节总会使我十分疯狂。我迫不及待地盼望着那些干燥、寒冷的早晨的到来，还有那杯热咖啡，然后手里提着一杆精良的猎枪，徒步在雪地里穿行。

我觉得我射杀的鹿已经够多了。毋庸置疑，在射杀鹿时总是有一种紧绷着的狂喜。当你看到一头雄鹿从灌木丛里疾奔出来，一种兴奋的感觉就会传遍全身。我想这种感觉一定是从我们祖先的血脉里流传下来的。你

在那儿静悄悄地等待着它，只要你的手指轻轻一弯，它就会立马栽倒在地。猎杀了鹿之后的感觉也同样令人向往。到那时候便有了向朋友们吹嘘的噱头，而且还可以把漂亮的鹿头钉在墙上。当然，所有的这一切都会让人激动不已。

森林有一种特别的幽美，尤其是在晚秋。有时候，当你在走在茂盛的林间，斑驳的阳光洒满大地，细碎的斑点随处可见，白的、绿的，还有金色的。这个森林深邃而寂静，寂静得就像在庄严的教堂里一样。

我最后一次去克莱利威尔森林的时候，它给我的感觉就是这样。那天，我独自一人带了一杆猎枪、一壶热咖啡和三块厚厚的三明治。

我走进山麓小丘，向一个我所熟知的鹿群经常出没的小径走去。我估计得不错，雪地上果然有新的鹿蹄印。在这条小径的一边，在一个小山顶的下面恰好有一个天然的藏身之处。我爬到那上面把几块石头翻过来拍掉上面的雪，然后便坐在上面。天挺冷的，但我并不在乎，因为我早已料到，而且穿得很暖和。

我在那儿坐了差不多一个小时，却什么也没发现。然后我吃了两块三明治，喝了一点咖啡，但还是什么动静都没有。森林里真的好安静啊，我竟感觉到有一股极弱的风正向我这边吹来。

也就在这个时候，我发现了那头鹿。那是一只头顶上长了8支美丽的角叉的雄鹿。它出现在我的左边，距离我不到20英尺，而且在它周围30码之内没有任何障碍物。我一定能射中它。

也许就是这个事实——我一定能射中它，改变了整个事情。我在等，等它突然发现我正盯看着它，等它惊愕地猛喷鼻息，等它瞪大了铜铃般的眼睛，然后撒腿狂跑……但它却彻头彻尾地愚弄了我。它竟然向我走来！好奇？我想也许是它太笨了——除此之外，我又能怎样解释呢？因为它已不再是一头鹿仔，而是一只正处于壮年期的雄鹿。它应当早就领教过猎人和猎枪。但它却越走越近，而我却还在等。它有一颗漂亮的头和一副无双的角，我在心里默默地念叨着。但它依然一步一步地向前迈进，沉着稳重，坦坦荡荡。而它的那双大眼睛一直盯着我的脸。

的确，我有点儿紧张，在这种情况下谁又会不紧张呢？一只成年的雄鹿足以造成极大的威胁，而这头已够大的了。哎呀，这头鹿一直走到我坐的地方，然后它停下来，看着我。

接下来发生的一幕真的让人难以置信，但却是真的，而且一切看起来都很正常，就像有一只友好的小狗走近我一样，我伸出手，在它的头上挠了挠，就在那两支漂亮的鹿角之间。它很喜欢这样，而且这只硕大威武而野性美丽的雄鹿竟然像一匹温驯的小马驹一样低下头，让我给它多挠几下。

我挠着它的头，轻拍着它的肋部，然后又赤手在它温暖的皮毛上轻轻地抚摸。而它用鼻子蹭着我的肩膀，它甚至都没有颤抖。——知道后来发生了什么吗？我给它吃了我的三明治。噢，我当然知道一只雄鹿应该吃什么，但它却的的确确吃掉了我的三明治！

最后，它走了，走下山坡，沿着那条有鹿蹄印的小径走去。向它开枪？我办不到。如果是你，在和它接触过之后，我想你也会跟我一样做。我只是看着它远去——一只长着威武玲珑的8支角叉的雄鹿，高昂着它那勇敢的头远去了。然后便没什么可讲的了。我拾起咖啡壶，捡起包三明治的碎纸片，然后把来福枪夹在腋下，向我的车走去。在走到半路的时候，我听到了两声枪响——两声沉闷的枪声，前后相距不过几秒钟。如果你也深谙打猎，你就会知道在这么短的时间里连发两枪意味着什么——射杀！

我应该知道那天在森林里的猎人不只是我一个。但那些猎人又怎么会想到他们也可以像我一样去挠挠那只雄鹿的勇敢的头啊。

心灵感悟

雄鹰飞上蓝天，它向人们展示搏击长空的勇气；鱼儿畅游大海，它向人们展示激荡海浪的天性；雄鹿走近猎人，它向人们展示勇者无畏的胆识。面对这些勇敢、坦荡、单纯的生灵，人类又如何忍心扣动手中的猎枪，更何况它们还拥有令人敬佩的团队精神、锲而不舍的顽强意志、顺应自然的聪明才智、知恩图报的善良美德……

高考落榜

强高考落榜后就随本家哥去沿海的一个港口城市打工。

那城市很美，强的眼睛就不够用了。本家哥说，不赖吧？强说，不赖。本家哥说，不赖是不赖，可总归不是自个儿的家，人家瞧不起咱。强说，自个儿瞧得起自个儿就行。

强和本家哥在码头的一个仓库给人家缝补篷布。强很能干，做的活儿精细，看到丢弃的线头碎布也拾起来，留作备用。

那夜暴风雨骤起，强从床上爬起来，冲到雨帘中。本家哥劝不住他，骂他是个憨蛋。

在露天仓垛里，强察看了一垛又一垛，加固被掀动的篷布。待老板驾车过来，他已成了个水人。老板见所储物资丝毫不损，当场要给他加薪，他就说不啦，我只是看看我修补的篷布牢不牢。

老板见他如此诚实，就想把另一个公司交给他，让他当经理。强说，我不行，让文化高的人干吧。老板说我看你行——比文化高的是人身上的那种东西。

就这样强就当了经理。

公司刚开张，需要招聘几个大专以上文化程度的年轻人当业务员，就在报纸上做了广告。本家哥闻讯跑来，说给我弄个美差干干。强说，你不行。本家哥说，看大门也不行吗？强说，不行，你不会把这里当成自个儿的家。本家哥脸涨得紫红，骂道："你真没良心。"强说，把自个儿的事干好才算有良心。

公司进了几个有文凭的年轻人，业务红红火火地开展起来。过了些日子，那几个受过高等教育的年轻人知道了他的底细，心里就起毛说，就凭我们的学历，怎能窝在他手下？强知道了并不恼，说，我们既然在一块儿共事，就把事办好吧。我这个经理的帽儿谁都可以戴，可有价值的并不在这顶帽上……

那几个大学生面面相觑，就不吭声了。

一外商听说这个公司很有发展前途，想洽谈一项合作项目。强的助手说，这可是条大鱼哪，咱得好好接待。强说，对头。

外商来了，是位外籍华人，还带着翻译、秘书一行。

强用英语问，先生，会汉语吗？

那外商一愣，说，会的。强就说，我们用母语谈好吗？

外商就道了一声"OK"。谈完了，强说，我们共进晚餐怎么样？外商迟疑地点了点头。

晚餐很简单，但有特色。所有的盘子都尽了，只剩下两个小笼包子，强对服务小姐说，请把这两个包子装进食品袋里，我带走。虽说这话很自然，他的助手却紧张起来，不住地看那外商。那外商站起，抓住强的手紧

紧握着，说，OK，明天我们就签合同！

事成之后，老板设宴款待外商，强和他的助手都去了。

席间，外商轻声问强，你受过什么教育？为什么能做这么好？

强说，我家很穷，父母不识字。可他们对我的教育是从一粒米、一根线开始的。后来我父亲去世，母亲辛辛苦苦地供我上学，她说俺不指望你高人一等，你能做好你自个儿的事就中……

在一旁的老板眼里渗出亮亮的液体。他端起一杯酒，说，我提议敬她老人家一杯——你受过人生最好的教育，把你母亲接来吧！

心灵感悟

从某种意义上说来，我们所处的是一个文凭时代，所以，我们的“高等教育”便莲蓬勃勃地发展着。不过，这篇作品要向我们强调的，却是另外的一种“高等教育”．而且那是“人生最好的教育”——这就是：我们首先得做一个“能做好你自个儿的事”的人！是的，司玉笙给我们讲述的这个关于“强”的故事，以其鲜活的人物形象和丰富的人生意蕴，事实上便是对包括你、我、他在内的所有人进行真正意义上的“高等教育”的最简明扼要又最生动活泼的好教材。

那一年，我在你的橱窗里

每天从学校门口到教室的路上，总能遇到强。那一年的冬天很冷，好像每天都在下雪，于是我喜欢围上一条大围巾，包起头和脸，只露两只眼睛。红色的围巾，淡紫色的棉衣，几乎成了我一层不变的装束。我喜欢这样把自己包裹起来到学校，那样当我遇到强的时候，他是不会看出我由于异样的心情或许会在脸上表现出来的异样表情。我经过他身边的时候，只须垂下眼帘或者假装向远处张望，而不用担心他能看出来我见到他时心跳加快的羞涩和惊慌。我们每天都这样擦肩而过，不是他低头就是我向远处看，有一次我终于鼓足勇气，遇到他时把仅露在围巾外面的眼睛从远方收回到他的脸上，却发现他也在看我，而且马上低下了头。我觉得好可笑——也许，他也像我一样。

强是高一的时候转到我们学校来的，从很远的地方。我从未和他同过班，但是他是学校的名人，源于他的特长——绘画，西洋画技法，油画和素描，得过很多奖，学校的橱窗里每期都有他的绘画作品，很成熟的技法。学校里还有几个有此特长的同学，学校为他们提供了专门的画室，每星期都有美术老师为他们专门辅导几天，而我们到高三时就已经不上美术课了。他们几个人是专门挑出来考美院的。我的同桌敏就在美术老师的指导下为他们做过模特。

我和敏是同桌，但我们说不上是好朋友，多半是由于性格的迥异。高三时的我内向羞涩，沉默寡言，是那种典型的好学生或书呆子形象。我的成绩名列前茅，其中英语试卷被作为模范试卷存档，是学校用来应付上面检查时用的；我的作文多次在校刊上发表，而这是一个文学性的校刊，撰稿的多是文史老师。听敏说我有一篇作文还被作为范文，贴到了强他们班的后黑板上。事实上，我的朋友也很少，因为我不喜欢在人多的地方滔滔不绝，也不喜欢和某一个人窃窃私语。更不会去早恋，我是一个老师和家长都很放心的好孩子。只有隔行的华和我是好朋友，她说："在咱们班女生里，你最有味儿。"我开玩笑地问她："什么味儿啊？"

华告诉我："味儿，就是气质。"

那时的我们已经没有什么课外时间去玩、去发展个人兴趣了，所有人都明白自己的使命，都把头埋在堆积如山的各科课本、参考书、做不完的试卷中，不闻窗外事，甚至没日没夜。我们有时也会羡慕高一高二的同学丰富多彩的课余生活，男生们会互相调侃几句"高一太小，高二正好，高三太老"的话开开心，但一想到"千军万马争过独木桥"，就又把头扎在了纸堆中。

而敏则是一个例外。敏很漂亮，在那个还不太开放的年代，不能放开的年龄，敏结识了很多男同学，很多都是外班的，而且还学会了跳交谊舞。只是学习成绩不好。而我们这些女生，却几乎和同班的男生都很少说话，因为如果不是真的早恋，很怕被人称为谈恋爱的。而被称之为早恋的同学通常都被大家用异样的目光看着。如果被老师找去谈话，那就更如同外星人一样了。那个纯真似水、禁闭如笼的岁月和年华啊。

我不知道强和敏是不是在恋爱，强总是来找敏，总是默默地站在我们教室的门口，不说话，看着敏，等着敏发现他。每当强那高大的身影出现时，敏就飞快地收拾好东西，像一只快乐的小鸟一样跑出去，和强一起到画室。每当这个时候，我都把脸转向窗外，看着天上淡淡飘飞的云。我很羡慕敏，她能和强在一起。

一天，强没有来找敏。敏看着我，对我说："欣，强他们让我在咱们班找几个女孩儿给他们当模特，我想到了你，也许你愿意去。"

我看了看敏，把目光又停在了我的书上。如果是强邀请我，我会考虑的，我很希望能和强在一起，认识他。而这是敏的邀请——一直在给他们当模特的敏。我有一种被施舍的感觉，孤傲的我是无法接受的。

"我不想去，你找别人吧。"我淡淡地对敏说。

"我早就知道你是不会去的，我去告诉他……"敏又像一只快乐的小鸟一样飞了出去。我看着她的背影，似乎明白了点什么。

还是像每天早晨那样在必经的路上遇到强。还是像每次相遇一样，不是他低着头，就是我向远方看着。擦肩而过，每次。

终于有一次，我和强有了不是在每天早晨必经路上的相遇。

放学后，我在教学楼后等着华，思索着我无法求证的几何图形，只有我自己。不曾想到的是，当我抬起头来时，发现了强在不远的地方站着，默默地看着我，似乎要说什么。当我们的目光相遇时，他又马上低下了头。没有别的同学，只有我和他。我的心跳得厉害，因为莫名的惊慌。我想，他一定能看出我的窘态，一副不知所措的样子，于是，我飞快地又走进了教室，逃避我有可能在他眼中出现的难堪。

然后好几天没有在必经的路上遇到强。我没有理由期待能和他天天相遇，他是住校生，从宿舍到教室的路上原本不必经过我走的那条路。我感到有些怅然若失。

一天，敏告诉我，强要走了，回到他原来的地方去："他告诉我又有新画了，有可能是最后的一幅了，一起去看看吧。"于是，我和敏一起，到了展示强作品的橱窗。

于是，我看到了那幅画——那幅铭刻在我心中多年的画。

那是一幅人物半身肖像的油画，用了一种朦胧抽象的手法处理，仿佛离得很远，又好像很近：暗灰色的天空，飘着淡淡的雪，一个少女，脸微微侧着，淡紫的衣服，蒙着红色的围巾，只看到一双眼睛，迷惘地看着远处，正如我每天遇到他时那样。

"咦？怎么好像是你啊……"

我听不见敏在说什么了。我感觉身后一双眼睛的凝视。

那是强的眼睛。他在不远的地方站着，高高大大的身影，默默无言地站着，就像他每次出现在我们教室门口一样。默默看着他的橱窗……不知道是我还是画。

而我所能做的，就是逃离这双眼睛。

强终于走了，那幅画也不再看到了。随后的日子，我和所有的同学一样，头埋在纸堆中，做不完的模拟试卷和训练，看不完的参考书和课本。我感觉世界已无色彩可言，正如那幅画的背景：暗灰的天空，飘着淡淡的雪……

多年以后，老同学相聚，偶尔有人提起强，说他已经上了美院。我无法得知更多的音信，因为他不和我们在一起。事实上，每当有人在我的面前提起他，我总是言不由衷地顾左右而言他，转移开了话题，尽管我很想听到他的名字。

所有的日子开始慢慢地淡漠了。只记得，那一年，我在你的橱窗里……

心灵感悟

很多人都有进的决心，却没有退的勇气。没有人会贬斥中学时代的心动是多么的一文不值，但那却超过了学生时代所能负载的。对于身后那双凝视的双眼，“我”选择了逃离，这样的处理或许留下了些许遗憾，却圆了彼此的梦，避免了因年少冲动而付出的沉重代价。主人公这份退却虽读来让人心伤，但其中的明智却让我们不得不佩服。

闻名世界的好莱坞影星

好莱坞现有个炙手可热的影星，叫维恩·特罗耶，现年33岁。虽然身高只有82厘米，但现在他的大名在美国几乎是家喻户晓。其实，过去他就是“班级孩子之王”。

特罗耶是他父母的“老疙瘩”，他还有个哥哥。说来也怪，他哥哥早早地就人高马大，而他却没长到一米。但尽管身小力薄，特罗耶在孩提时代就不是省油的灯。14岁那年，他在学校即被称为“班级孩子之王”。别的同学见了他都像老鼠见猫一样，躲之唯恐不及。16岁的时候，特罗耶所在的班级来了个黑人新生。这小子牛气冲天，初来乍到便在班上吆五喝六，称王称霸。班上同学见他都惧怕三分，但特罗耶却不把他放在眼里。一天，特罗耶在教室里不知因为什么同这新生吵了起来。他们俩破口对骂，互不相让。后来“战场”移到了校园。他俩虎视眈眈地对峙,各自摆出决斗的架势。

四周人山人海，把他们围得水泄不通。大家都在敛气屏息地等着看好戏。特罗耶一心要狠狠地挫挫他的锐气，但个头儿太矮，够不着对方的脸，因为这新生足足比特罗耶高出一米。特罗耶脚不离地，顶多能打着这新生的肚脐眼儿。

于是，特罗耶铆足劲儿，一下子蹦得老高，趁势“啪”的一声扇了他一嘴巴，总算出了郁积心头的一股恶气。特罗耶听见围观的人们拍手叫好，自此，再也没有人是特罗耶的对手。

一次幸运的机会使他成为电影演员。这位“袖珍”影星多才多艺、演技超群，不论什么角色，他都能演得出神入化，惟妙惟肖。但由于特殊的体形，特罗耶在其演艺生涯中多半都是出演各式各样的丑角。他那滑稽的动作、诙谐的语言，常常令观众捧腹大笑，如醉如痴。特别是在担纲影片《王牌大贱谍》的方演之后，特罗耶更是声名大噪，成为好莱坞的台柱演员。

特罗耶踌躇满志，雄心勃勃，现在瞄上了美国总统宝座。最近在接受俄罗斯《超级明星》杂志记者独家采访时，特罗耶信心十足地说：“我是美国所有矮人心目中的偶像。正因为这样，我将考虑竞选美国总统。在我们美国，电影演员参加政治竞选的不乏其例：前有里根竞选总统而一举成功；现有施瓦辛格角逐加州州长而大获全胜。我坚信，我要是参选，所有矮人及众多选民都会踊跃投我的票。我聪明、帅气、有能力！”

心灵感悟

只要你调整好心态，付出必要的努力，劣势也可能会转化成优势。

你将来是纽约州长

1961年，皮尔·保罗被聘为诺必塔小学的董事兼校长。当时正是美国嬉皮士流行的时代，他走进大沙头诺必塔小学的时候，发现这儿的穷孩子

比“迷惘的一代”还要无所事事。他们不与老师合作，旷课、斗殴，甚至砸烂教室的黑板。

皮尔·保罗想了很多办法来引导他们，可是没有奏效。后来他发现这些孩子都很迷信，于是在他上课的时候就多了一项内容——给学生看手相。他用这个办法来鼓励学生。

当罗尔斯从窗台上跳下，伸着小手走向讲台时，皮尔·保罗说：“我一看你修长的小拇指就知道，将来你是纽约州的州长。”当时，罗尔斯大吃一惊，因为长这么大，只有他奶奶让他振奋过一次，说他可以成为5吨重的小船的船长。这一次，皮尔·保罗先生竟说他可以成为纽约州的州长，着实出乎他的预料。他记下了这句话，并且相信了它。

从那天起，“纽约州州长”就像一面旗帜，罗尔斯的衣服不再沾满泥土，说话时也不再夹杂污言秽语。他开始挺直腰杆走路，在以后的40多年间，他没有一天不按州长的标准要求自己。51岁那年，他终于成了州长。

在就职演说中，罗尔斯说：“信念值多少钱？信念是不值钱的，它有时甚至是一个善意的欺骗，然而你一旦坚持下去，它就会迅速增值。”

心灵感悟

人生的征程是遥远的，只要双脚不息地前行，道路就会向远方延伸。信念是人生征途中的一颗明珠，既能在阳光下熠熠发亮，也能在黑夜里闪闪发光。

不要让你的时光虚度

埃斯特买了一幢豪华的海滨别墅。他每天下班回来，总看见有个人从他的园中扛走一只箱子，装上卡车运走。他还来不及喊，那卡车就开走了。这一天，他决定开车去追。那辆卡车走得很慢，最后停在一条峡谷边。陌生人把箱子从车上卸下来扔进了峡谷，埃斯特下车后才发现，峡谷中已经堆了不少同样大小的箱子。

他走过去问陌生人：“你是谁？那些箱子又是哪儿来的？我每天见你从我家里扛箱子，这到底是怎么回事儿？箱子里装的究竟是什么？”

陌生人轻蔑地看了他一眼说:“你家里的箱子还有很多要运走，难道您不知道吗?这些箱子装的都是您虚度的时光。”

“虚度的时光?”

“是的，您白白浪费掉的时光，虚度的年华。您曾经盼望美好的时光，但美好时光到来后，您又干了些什么呢?您自己瞧瞧吧，它们个个完美无缺，根本就没有用过，可是现在……”

埃斯特走过去，顺手拉开了第一个箱子，箱子里有一间客厅，妈妈正在做家务，同时催促书房里的埃斯特好好做功课，可埃斯特早已从窗户里跳出去到花园玩儿去了。他又拉开了第二个箱子，埃斯特正和一群朋友在酒吧里喝得酩酊大醉。他又拉开了第三个箱子，他因为潦草了事，设计的产品质量不合格……

埃斯特看到这些，心里难受极了，于是，他向陌生人恳求道:“先生，求求您，让我取回这些箱子吧。”陌生人耸了耸肩，意思是太迟了，然后和箱子一起消失了。

心灵感悟

时间如流水，一去不复返，匆匆地、悄悄地从我们的手中悄悄溜走。它不接受挽留，也不接受不珍惜它的人的忏悔，它对任何人都一视同仁，都给你同样充足的时间，只是看你自己怎样利用。

可怜的寒号鸟

在古老的原始森林，阳光明媚，鸟儿欢快地歌唱，辛勤地劳动。其中有一只寒号鸟，有着一身漂亮的羽毛和嘹亮的歌喉，到处游荡卖弄自己的羽毛和嗓子。看到别人辛勤地劳动，反而嘲笑不已，好心的鸟儿提醒它说:“寒号鸟，快垒个窝吧!不然冬天来了怎么过呢?”

寒号鸟轻蔑地说:“冬天还早呢?着什么急呢!趁着今天的大好时光，快快乐乐地玩玩吧!”

就这样，日复一日，冬天眨眼就到来了。鸟儿们晚上都在自己暖和的窝里安详地休息，而寒号鸟却在夜间的寒风里，冻得瑟瑟发抖，用美

丽的歌喉悔恨过去，哀叫未来：“抖落落，抖落落，寒风冻死我，明天就垒窝。”

第二天，太阳出来了，万物苏醒了。沐浴在阳光中，寒号鸟好不得意，完全忘记了昨天晚上的痛苦，又快乐地歌唱起来。

有鸟儿劝它：“快垒窝吧！不然晚上又要发抖了。”

寒号鸟嘲笑地说：“不会享受的家伙。”

晚上又来临了，寒号鸟又重复着昨天晚上一样的故事。就这样重复了几个晚上，大雪突然降临，鸟儿们奇怪寒号鸟怎么不发出叫声了呢？太阳一出来，大家寻找一看，寒号鸟早已冻死了。

心灵感悟

只有那些懂得如何利用“今天”的人，才会在“今天”创造成功事业的奠基石，孕育明天的希望。只有抓住现在，才能创造辉煌和灿烂的未来；寄希望于明天的人，终将一事无成。

乞丐和一只丢失的名犬

一条富翁家的狗在散步时跑丢了，富翁在当地报纸上发了一则启事：有狗丢失，归还者，付酬金一万元。并有小狗的一张彩照充满大半个栏目。

启事刊出后，送狗者络绎不绝，但都不是富翁家的。富翁的太太说，肯定是真正捡狗的人嫌给的钱少，那可是一只纯正的爱尔兰名犬。富翁把电话打到报社，把酬金改为两万元。

一位沿街流浪的乞丐在报摊看到了这则启事，他立即跑回他住的窑洞，因为前天他在公园的躺椅上打盹时捡到了一只狗，现在这只狗就在他住的那个窑洞里拴着。果然是富翁家的狗，乞丐第二天一大早就抱着狗出了门，准备去领两万元酬金。当他经过一个小报摊的时候，无意中又看到了那则启事，不过赏金已变成三万元。

乞丐又折回他的窑洞，把狗重新拴在那儿，第四天，悬赏额果然又涨了。

在接下来的几天时间里，乞丐天天浏览当地报纸的广告栏，当酬金涨到使全城的市民都感到惊讶时，乞丐返回他的窑洞。可是那只狗已经死了，因为这只狗在富翁家吃的都是鲜牛奶和烧牛肉，对这位乞丐从垃圾桶里捡来的东西根本受不了。

在生活中不论要干什么，都要把握住适当的分寸和尺度，所谓“该出手时就出手”。一旦错过了最好的时机，你可能一无所得。

拿破仑一生最大的失败

滑铁卢战役之后，拿破仑被流放到南大西洋上一个叫做海伦娜的孤岛上，成了终身囚犯。面对浩瀚的大海，他常想从岛上逃走，但他对岛上的地形一无所知，逃走是不可能的!有一次，一位好友去看他，因为总是有人监视着他们，所以他们只是回忆谈论旧日的时光。分手时，朋友拿出一副用象牙和软玉做成的象棋对拿破仑说：“我把这个送给你，也许能用得上。”拿破仑非常喜欢这副棋，经常捏弄棋子，研究棋谱以打发他的余生。

等拿破仑死后，生前所用过的部分东西被拍卖。那副象棋也以不菲的价格几经买卖，最后被法国国家博物馆收藏。工作人员在清洗棋子的时候，发现象棋的底部可以拧开。他们将它打开后大吃一惊，里面竟是一张逃离孤岛的详细地图。遗憾的是，拿破仑没能发现这个秘密，枉费了他朋友的良苦用心。这是拿破仑一生最大的失败。

心灵感悟

拿破仑说过：“如果你笑我个子矮，我将砍下你的头颅。”这不是一种霸气，而是一种卑微身躯里焕发出的强大力量和自信。令人可叹的是，滑铁卢一败被流放到孤岛，他只能以捏弄棋子打发他的余生，此前他的种种绝处逢生、化险为夷的传奇便不再发生。身处逆境而丢掉希望的人，生活是不会为他打开一扇门的。

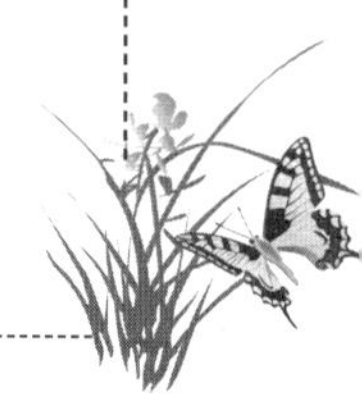

炸药之父诺贝尔

一说起诺贝尔，人人都知道他是“炸药之父”。诺贝尔是瑞典人，他的父亲也喜欢发明创造，有过很多发明，诺贝尔从小受到父亲的熏陶，因此对科学产生了浓厚的兴趣。

9岁那年，诺贝尔的父亲在俄国圣彼得堡开设了一家工厂，专门制造军用机械，为此，他们全家人离开了瑞典。在父亲的工厂里，诺贝尔发现了很多好玩的东西，他不停地进行着发明创造，他自己发明了火药、地雷，尽管受到了父亲的严厉禁止，但他依然乐此不疲。为了实现自己的理想，诺贝尔曾远涉重洋，跟随瑞典籍的美国大发明家艾利克逊学习。

当俄国和英法联军发生战争后，诺贝尔家生产的水雷供不应求，为了让俄国早日获胜，结束战争，俄国专家找到了诺贝尔，他们想制造威力更大的炸弹，并留下一小瓶硝化甘油让诺贝尔做实验。硝化甘油是意大利科学家沙有利诺于1847年发明的，因为试管中的硝化甘油突然爆炸，沙布利诺受了重伤，从此便停止了试验。由于硝化甘油呈液化状态，稍微有点疏忽，就会发生可怕的爆炸，因此诺贝尔反复试验，最后研制了“雷管”，它的出现可以使硝化甘油安全地爆破矿山和隧道。

接着，诺贝尔成立了一家硝化甘油公司，很快，火药工厂就开始制造硝化甘油，这个工厂就是诺贝尔火药工业公司的前身。诺贝尔的弟弟艾米尔也是个炸药迷，他每天泡在工厂帮哥哥做试验。一天，由于疏忽大意，工厂突然发生爆炸，等诺贝尔和父亲赶到现场时，工厂已变成一片废墟，诺贝尔最疼爱的小弟艾米尔当场被炸死。这个重大打击，使父亲突发脑溢血，母亲终日以泪洗面，诺贝尔却没有放弃试验，他发誓说：“我一定要找出安全使用和存放硝化甘油的方法。”

可是，工厂被政府勒令停工，并禁止诺贝尔在市区5公里内做试验，他跑到乡村，仍然遭到拒绝，最后，他只得购买了一艘大船。在河里做试验。尽管如此，其他船只仍然感到害怕，不许他的“水上工厂”靠近，他不得不经常变动停泊位置。

硝化甘油炸药又生产出来了，经过诺贝尔的亲自示范表演，人们总算

打消了疑虑，订单源源不断，诺贝尔重新开办了一个火药工厂。从此，这座小小的工厂支配着全世界的火药界。

但实际上，硝化甘油的安全系数依然不高，它没有发生意外是因为当时气候寒冷，在低温下硝化甘油不易爆炸。

由于硝化甘油是一种黏稠的液体，一些人竟以为这是一种润滑油和光亮剂，甚至用它来擦皮鞋和皮衣。

后来，一艘装有硝化甘油的轮船发生了爆炸，致使17人死亡；还有一次在旧金山一个仓库里，硝化甘油爆炸又造成14人死亡。这些事件立刻成为头条新闻，报纸强烈谴责诺贝尔的硝化甘油。

面对这些不绝于耳的责难，诺贝尔并没有放弃。最后，他研制出一种用雷管引发的、固体状态的硝化甘油炸药。经过审查，大家都认为：这是一种安全的产品，在使用和运输方面绝对可以放心。

一种可怕的危险品从此变成赐福人类的大功臣，诺贝尔也因此成为世界闻名的发明家。

心灵感悟

人生不如意事十之八九，面对挫折，你是“屡战屡败”，还是“屡败屡战”？

乌鸦和狐狸

一只乌鸦从一个窗户里叼出了一块相当大的干酪，飞上了一棵高树，一心想要好好地享享口福，吃掉它夺来的这份美味佳肴。

一只狐狸发现了这块美味的食物，就计划去接近它。狐狸献媚地说：“哦，乌鸦，你的翅膀多么漂亮啊！你的眼睛多么明亮啊！你的脖子多么优美！你的胸脯和鹰一样！你的爪子，请原谅我，你的铁爪足以和所有的野兽对抗，哦，多么可惜，这样一只鸟竟是一个哑巴，你如果再有一副美妙的喉咙就是一只完美的鸟了！”

乌鸦听了狐狸的甜言蜜语，心里很高兴，它得意地想，如果我哇哇地叫起来，让狐狸知道我原来不是一个哑巴，那狐狸该感到多么惊奇啊！于

是它就张开了嘴。干酪"啪"地掉下去了!狐狸叼起干酪,一边走开,一边批评:"不论我怎么吹嘘你的美貌,可是我还没谈论你这个虚荣的乌鸦的智慧呢!"

心灵感悟

谄媚人的人很多是有自私打算的,他们用盛赞的话激起人的虚荣心,让人失去理智,从中获益。保持清醒的头脑,防止虚荣心遮蔽了你的智慧。

老鹰和猫头鹰

老鹰和猫头鹰停止了攻击,它们甚至互相拥抱以表示亲热的程度,并决定不再互相吞食彼此的孩子,一个用鸟中之王的信誉担保,一个则以本族的诺言担保。

"你认得我的孩子吗?"猫头鹰问道。

"不!"

"真糟糕!"猫头鹰叹息道,"我很为孩子们的性命牵挂,保住它们的命真靠运气了。因为你是百鸟之王,不会把小事记在心上,假如你遇到我的孩子,而又不认识它们,那它们的小命一准送掉。"

"你把它们的样子讲给我听听,"老鹰提议说,"要不然指给我瞅瞅也行。我向你保证,我不会伤害你的孩子。"

猫头鹰以未来母亲的身份说道:"我的小东西长得娇小动人,漂亮可爱。单说这些特点你就能轻易地辨认清楚。请记好了,千万别忘掉,要不然,死神就会到我家中,把死亡降临在它们头上。"

有天傍晚,猫头鹰离开家外出给孩子寻食,老鹰正巧看到一座塌陷的房子里,有几个长得怪模怪样的小东西,它们面目丑陋,神态阴郁,发出的叫声阴森森的。老鹰见状说:"这应该不会是我朋友的孩子,把它们做了晚餐吧!"老鹰这家伙干这种事从来都是干净利索的,这顿饭吃得真可口啊。

不一会儿,猫头鹰回家了。天啊,它看见自己的心肝被吃得只剩下几个脚爪,伤心得昏了过去。它哭诉给大家听,并向神哀告,祈求严惩这丧心病狂的强盗。

这时有街坊对它讲:“你还是反省反省自己吧。人总是觉得自己的孩子漂亮可爱，比别人家的要好。谁让你在老鹰跟前把自己的孩子夸奖得像朵花一样?这与它们的本来面目相差太大，没有什么共同之处嘛。”

心灵感悟

如果我们不让朋友知道我们真实的状况，他们就无法真正地照顾我们。抛弃掩饰，让他人知道你真实的情况，你失去的只是虚荣的牢笼，得到的却是更加自在的生活。

仙鹤生蛋

古时候有个叫刘渊材的人，性情十分迂腐、阴险又很爱虚荣。他家里养着两只鹤，只要有客人来家中，他总是既神秘又故意张扬地对客人夸口说:“我家养了两只鹤，这可不是一般的鹤，它们是真正的仙鹤呀!人家所有的禽鸟都是卵生的，我养的仙鹤可是胎生的。”

这一天，刘渊材家又来了几位客人，他把客人请进屋里，一坐下便夸起他那两只“胎生”的仙鹤来。刘渊材话还未说完，一仆人从后园跑来报告说:“先生，咱家的鹤昨夜生了一个蛋，好大的蛋呀，跟大鸭梨一般大小呢。”

刘渊材的脸色立即羞得通红，他觉得十分难堪。他斜着眼偷偷瞟了客人一下，对着仆人大声呵斥道:“奴才胡说，你竟敢诽谤我的仙鹤!仙鹤怎么会生蛋呢?休要在此胡说八道!”

仆人只好没趣地走开了。几位客人站起身说:“刘兄，难得您家养着仙鹤，让我们去看看，开开眼界吧。”

刘渊材只好带着客人一同到后园去观看仙鹤。他们来到后园，只见其中一只仙鹤正将后腿张开，身体趴在地上。客人们想叫仙鹤站起来，便用拐杖去吓它。不料那鹤站起身来时，地上又留下了一枚鸭梨大的蛋。

刘渊材的脸色涨得通红，他支支吾吾地自我解嘲，叹着气说:“唉!没想到这仙鹤也会败坏仙道，和凡鸟一样了。”

其实，仙鹤只是传说中的鸟，平常我们养的鹤本来就是普通禽类，是卵生的。而这鹤的主人却偏要故弄玄虚，结果当众出丑，搞得十分难堪。

心灵感悟

不要为了满足你的虚荣心而撒谎，因为诺言一旦被戳穿，事情就不但不荣光，反而是种耻辱了。

“天堂”里的“人”

我是一只苍蝇。

我在一个月以前出生。就苍蝇来说，应该算是“青年苍蝇”了。

就这一个月中，我生活在一个龌龊而又腥臭的世界里：在垃圾桶里睡觉，在臭沟里冲凉；吃西瓜皮和脚垢，呼吸尘埃和暑气。

这个世界，实在一无可取之处，不但觅食不易，而且随时有被“人”击毙的可能。这样的日子简直不是苍蝇过的，我腻透了。

但是大头苍蝇对我说：“这个世界并不如你想象的那么坏，你没有到过好的地方，所以会将它视做地狱。这是你见识不广的缘故。”

大头苍蝇比我早出世两个月，论辈分，应该叫它一声“爷叔”。我问：“爷叔，这个世界难道还有干净的地方吗？”

“岂止干净？”爷叔答，“那地方才是真正的天堂哩。除了好吃的、好看的，还有冷气。冷气这个名字你听过吗？冷气是人造的春天，十分凉爽，一碰到管叫你舒适得只想找东西吃。”

“我可以去见识见识吗？”

“当然可以。”

于是爷叔领我从垃圾桶里飞出，飞过皇后道，拐弯，飞进一座高楼大厦，在一扇玻璃大门前面打旋。爷叔说：“这个地方叫做咖啡馆。”

咖啡馆的大门开了，散出一股冷气，一个梳着飞机头的年轻人摇摇摆摆走了进去，我们乘机而入。

飞到里面，爷叔问我：“怎么样？这个地方不错吧？”

这地方真好，香喷喷的，不知道哪里来的这样好闻的气息。男“人”们个个西装笔挺，女“人”们个个打扮得像花蝴蝶。每张桌子上摆满蛋糕、饮料和方糖，干干净净。只是太干净了，使我有点儿害怕。

爷叔不知道到什么地方去了，我只好独自飞到“调味器”底下去躲避。

这张桌子，坐着一个徐娘半老的女“人”和一个20岁左右的小白脸男“人”。

女人说：“这几天你死到什么地方去了？”

小白脸说：“炒金蚀去一笔钱，我在‘别头寸’。”

女人说：“我给你吃，给你穿，给你住，天天给你零钱花，你还要炒什么金？”

小白脸说：“钱已蚀去。”

女人说：“蚀去多少？”

小白脸说：“3000元。”

女人打开手袋，从里边掏出6张500元的大钞：“拿去！以后不许再去炒金！现在我要去皇后道买点儿东西，今晚9点在云华大厦等你——你这个死冤家。”说罢，半老的徐娘将钞票交给小白脸，笑笑，站起身，婀婀娜娜地走了出去。

徐娘走后，小白脸立刻转换位子。那张桌子边坐着一个单身女“人”，年纪很轻，打扮得花枝招展，很美，很迷人。她的头发上插着一朵丝绒花。

我立即飞到那朵丝绒花里去偷听。

小白脸说：“媚媚，现在你总可以相信了吧？一点儿问题也没有。”

媚媚说：“拿来。”

小白脸说：“你得答应我一件事。”

媚媚说；“什么事？”

小白脸把钞票塞在她手里，嘴巴凑近她的耳边，叽里咕噜说了些什么，我一句也听不清。只见媚媚娇声嗲气地说了一句：“死鬼！”

小白脸问：“好不好？”

媚媚说：“你说的还有什么不好？你先去，我还要在这里等一个人。我在一个钟点内赶到。”

小白脸说：“不要失约！”

媚媚说：“我几时失过你的约？”

小白脸走了。

小白脸走后，媚媚去账柜打电话，我趁机飞到糖盅里吃方糖，然后飞到她的咖啡杯上，吃杯子边缘的唇膏。

正吃得津津有味，媚媚回座，一再用手赶我，我只好飞起来，躲在墙上。

10分钟后，来了一个大胖子，50岁左右，穿着一套拷绸唐装，胸前挂着半月形的金表链。

大胖子一屁股坐在皮椅上，对媚媚说："拿来!"

媚媚把6张500元大票交给大胖子，大胖子把钞票往腰间一塞，说："对付这种小伙子，太容易了。"

媚媚说："他的钱也是向别的女人骗来的。"

大胖子说："做人本来就是你骗我，我骗你，唯有这种钱，才赚得不作孽。"

这时候，那个半老的徐娘忽然夹了大包小包，从门外走进来了。看样子，好像在找小白脸，可能她有一句话忘记告诉他了。但是小白脸已走，她见到了大胖子。

她走到大胖子面前，两只手往腰眼上一插，板着脸，一声不响，两眼瞪得大如铜铃。

大胖子一见徐娘，慌忙站起，将女"人"一把拉到门边。我就飞到大胖子的肩膀上，听到了这样的对话：

徐娘问："这个贱货是谁?"

大胖子堆了一脸笑容："别生气，你听我讲，她是侨光洋行的经理太太，我有一笔买卖要请她帮忙，走内线，你懂不懂?这是3000块钱，你先拿去随便买点儿什么东西。关于这件事，晚上回到家里，再详细解释给你听。——我的好太太!"

徐娘接过钞票，往手袋里一塞，厉声说："早点儿回去!家里没人，我要到萧家去打麻将，今晚说不定迟些回来。"

说罢，婀婀娜娜走了。

我立即跟了出去。我觉得这"天堂"里的"人"，外表干净，心里比垃圾还龌龊。我宁愿回到垃圾桶去过"地狱"里的日子。这个"天堂"，实在龌龊得连苍蝇都不愿意多留一刻的!

心灵感悟

连苍蝇都觉得人间龌龊、不再干净的时候，人间就确实存在了很多污浊的现象以及丑陋的问题。现象是人为创造的，反省是苍蝇提出的，里外不一，终究连苍蝇都嫌弃。

谁使她变美

几年前，纽约城北住着位姑娘叫艾米丽，她自怨自艾，认定自己的理想永远实现不了。——她的理想是什么呢？

她的理想是每一位妙龄姑娘的理想：跟意中人——一位英俊的王子结婚，白头偕老。艾米丽认为别人会有这种幸福，自己则永远不可能。

在一个雨天的下午，不幸的艾米丽去找一位很出名的心理学家，因为据说他能解除人们的痛苦。

她被让进了心理学家的办公室。握手的时候，她冰凉的手叫心理学家的心都颤了。他打量了她一下，她的眼神呆滞而绝望，讲话的声音像是从坟墓里飘出来的。她的身心都好像在向心理学家声明："我是无望的了，你不会有办法的。"

心理学家请她坐下，跟她谈话，心里渐渐有了底。最后他对她说：

"艾米丽，我会有办法的。但你得按我讲的做：明天一早，你就去买套新衣服，不过你不要自己挑，你只问店员，按她的主意买，因为你很需要听听别人的意见。接着你去理个发，你也不要自己选发型，只问理发师，按他的主意办，因为听从别人好心的建议总是有益的。然后，星期二晚上，我家有个晚会，请你来参加……"

艾米丽摇了摇头，心理学家理解地点点头，问：

"你是说参加晚会也不会愉快吧？"

"肯定愉快不了。"

"不过我是想请你来帮忙。参加晚会的人不少，互相认识的却不多。你来了，可不要像蜡烛似的站着不动，等着谁会上前跟你打招呼。相反，你得处处留心帮助人。要看见有哪位年轻人孤孤单单，你就上前问好……"

"——年轻人？问好？"

"对，上前向他问好，就说你代表我欢迎他。见一个欢迎一个。你的任务就是帮助我照料客人，明白了？"

艾米丽一脸不安，心理学家继续说：

"人都到齐了，那么你自己看看还能做些什么帮助客人。比如，要是

太闷热了，就去开窗；谁还没咖啡，就端一杯。艾米丽，瞧你要帮我大忙呢！”

星期二这天，艾米丽发式得体，衣衫合身，来到了晚会上。她按着心理学家的吩咐尽职，忘了自己，只想着助人。她眼神活泼，笑容可掬，成了晚会上大家都喜欢的人。

散会时，同时有三个青年说要送她回家。

一星期又一星期，一个月又一个月，这三个青年热烈地追求艾米丽。艾米丽选中了其中一位，让他给自己戴上了订婚戒指。

不久，在婚礼上，有人对这位心理学家说：

“你创造了奇迹。”

“算不上奇迹，”心理学家说，“这很简单：人不该老想着自己，怜悯自己，也应该想着别人，体恤别人。艾米丽懂得这个道理了，所以变了。是谁使她变美的？是她自己。这个道理很简单，人人都该懂得。”

心灵感悟

谁使艾米丽变美了呢？你可能认为是她遇到的人，是她遇到的事。也许并不是，因为变美的是她，不是那些人和那些事。那么，这些人和事起到的作用只是一种试图改变和催化，艾米丽的接受才是主体。也就是说，让艾米丽变美的，不是别人，是她自己。

赫尔墨斯和樵夫

有位樵夫在河边砍柴，一不小心把斧头掉到了河里。河水很深，凭樵夫的水性，根本无法将斧头打捞上来。眼看着失去了谋生的工具，樵夫不禁号啕大哭起来。

这时，上帝的使者赫尔墨斯刚好经过这里，就停下脚步想问个究竟。樵夫把自己的不幸告诉了赫尔墨斯，听完之后，赫尔墨斯就跳到河里，帮樵夫打捞斧头。过了片刻，赫尔墨斯冒出水面，举着一把金斧头问：“是这把吗？”樵夫老老实实地答道：“不是。”于是赫尔墨斯再次下水，一会儿工夫又捞上一把银斧头来，可樵夫仍旧诚实地说：“这把也不是我的。”赫尔墨斯第三次下水，终于捞上了樵夫原来的那把斧头。樵夫一看，立刻露出了失而复得的笑容，高兴地说：“这就是我的斧头。”赫尔墨斯为樵夫的诚实而感动，不但把原来的斧头还给了他，还把金斧头和银斧头都送给了他。

樵夫回到家里，把这件事情讲给了他的邻居听。邻居眼红樵夫的经历，嫉妒他得到了这么多财宝，就也想去试一试。他来到河边，故意把斧头扔到了水里，然后坐在岸边假装痛哭。

正如他想的那样，赫尔墨斯出现了。问明了他伤心的缘故后，赫尔墨斯就跳到河里，捞出来一把金斧头，这个贪心的邻居赶忙握住它说：“千真万确，这就是我的那把斧头。”赫尔墨斯对他这种不诚实的态度非常反感，不仅收回了金斧头，连他扔到水里的那把斧头也没有帮他打捞上来。

心灵感悟

欲望太多、贪念过盛的人常常会嫉妒生活上、名誉上优于自己的人。什么时候，我们都只能通过一颗诚实的心去争取应该属于我们的东西。

乱爬的螃蟹

白兔、乌龟、青蛙、螃蟹、蚂蚁等一群小动物，站在一起，准备出发游玩。它们的目的地是前面那座美丽的花园。大嗓门青蛙高喊一声：“走！”大伙立即行动起来。青蛙边跳边喊：“加油！”白兔笑嘻嘻地冲在前头，乌龟使劲儿爬动，蚂蚁拼命追赶……

“喂，你们全疯了吗，往哪儿窜呀？”后面隐隐传来了叫声。

大伙儿一惊，扭转身向后一瞧，只见螃蟹一边咋呼，一边横着往另一个方向爬。

“螃蟹大哥，方向错啦！”青蛙大声喊道，“快向我们靠拢！”

“去你的，”螃蟹瞪着眼骂道，“你们都瞎了眼了，只有向我靠拢才对。”

无论大伙儿怎样呼唤，螃蟹只当没听见，还是横着朝它的那个方向急急爬去。大伙儿叹了口气，只好各赶各的路。

螃蟹喷着白泡沫，独自嘟囔道：“我两眼始终正面盯着那座花园，绝对没错儿。它们不听我的，疏远我，冷落我，准是出于嫉妒。这不是明摆着

的吗，它们的手脚哪个有我多？……”

可是，它的手脚越多，爬得越起劲儿，离目的地也就越远了。

还有一个有关螃蟹的真实故事。

渔民抓螃蟹的时候，把盒子的一面打开，开口冲着螃蟹，让它们爬进来，当盒子里装满螃蟹的时候，再把开口关上。盒子有底，但没有盖子，本来螃蟹可以很容易地从盒子里爬出来跑掉，但是由于它们有嫉妒心理，结果一只都不能跑掉。原来当一只螃蟹开始往上爬的时候，另一只螃蟹就把它挤了下来。最终谁也没有爬出去。大家可以猜得到它们的结局，它们全都成了餐桌上的美味佳肴。

心灵感悟

看不清楚环境和自己的状况，盲目地以为别人嫉妒自己，盲目地嫉妒别人，这种心理，只能使自己失去方向，陷入危险的境地。

嫉妒蜜蜂的蚂蚁

人们喜欢蜜蜂，经常赞美蜜蜂的辛勤劳动。画家画了不少采蜜图，诗人写了不少赞蜂诗，甚至刚学会说话的孩子也唱着：“我们的生活比蜜甜……”

一只蚂蚁却很嫉妒蜜蜂，它的心里搁着个疑团。它总是想，蜜蜂一早出工，我们也一早出工；蜜蜂天黑回窝，我们也天黑回窝。我们干的活不比蜜蜂少。也不比蜜蜂慢，可人们只夸奖蜜蜂，不称赞我们，这不是太偏心了吗？蚂蚁想来想去都想不通。

有一天，这只蚂蚁爬到花枝上觅食，看见了一只小蜜蜂“嗡嗡”地飞来采蜜，就抬起头气呼呼地说：“喂，蜂儿，我问你一个问题。”

“啥问题？你说吧！”小蜜蜂回答说。

“你说我们蚂蚁勤劳不勤劳？”蚂蚁问道。

“你们和我们一样勤劳呀！”小蜜蜂回答道。

“那为什么人们只夸你们，不称赞我们呢？”蚂蚁愤愤不平地问道。

小蜜蜂想了一会儿，笑着说：“这个问题不难回答，因为你们的勤劳是为了自己，我们的勤劳是为了人们。”

蚂蚁听了，心服口服，从此再也不嫉妒蜜蜂了。

心灵感悟

蜜蜂的勤劳是对他人的贡献，蚂蚁的勤劳是为了自己的生活。人们称赞蜜蜂，不仅是因为它们的勤劳，更因为它们具有奉献精神，而这是蚂蚁所不具备的，明白了这一点，蚂蚁的心理就平衡了。

乌鸦的嫉妒

从前，有一只乌鸦从远处飞到了一个美丽的湖边，它在湖上飞过来飞过去，见到了一只梳理羽毛的天鹅。然后，它又从湖边飞到海上，认识了一群正在觅食的海鸥。接着它飞到了一座高山上,见到了一只在高空盘旋的苍鹰。

看到了这些之后，飞回森林的乌鸦开始愁眉不展。

它对一只喜鹊说："为什么天鹅的羽毛那么洁白美丽，而我的羽毛却这样黑不溜秋的？"

喜鹊说："黑色有什么不好，光泽漂亮，美丽动人，你没看见很多人都喜欢穿黑色礼服吗？"

乌鸦愤愤不平地说："海鸥每天吃海味佳肴，而我只能在山林僻野吃些小虫或残羹，太不公平了！"

喜鹊说："各人所处环境不同，海鸥能吃到海味，我们能吃到山珍，何必去嫉妒海鸥，也许它在嫉妒我们呢！"

乌鸦哭丧着脸地说："苍鹰飞得那么高，翱翔天空，俯视大地，为什么我们飞不到苍鹰的高度？"

喜鹊说："虽然苍鹰飞得高，我们飞得也不低呀！你看公鸡，只能飞上篱笆屋顶，它多么自得，还天天引颈高歌呢！"

乌鸦勃然大怒，说："去，去！你总是往好处想，满足于现状，没出息！"

喜鹊说："所谓知足常乐，我们生就这样的条件，何必去祈求得不到的，空想何益？你整天哭丧着脸，用嘶哑的声音不断发着牢骚，惹人讨厌。而我有自知之明，自得其乐，热爱生活，成天兴高采烈。因此，大家都叫我'喜鹊'。"

乌鸦发怒之后，又唉声叹气道："唉！我真不幸！我真不幸！"

心灵感悟

每个人都有自己独特的个性和生存环境，在这种情况下，需要的是一副知足常乐的心态，并勤奋地做好自己的事情，尽力过好自己的生活。

我是谁

“班长，你报什么学校？”

“我？港大吧！噢不，北大。不不不，让我想想……不知道……”

我的高三就这样拉开了序幕。早就猜到高三会忙忙碌碌，但谁也不曾料到这种犹豫、徘徊甚至是煎熬竟然来自突然袭来的选择以及对于未来的迷茫。似乎在一瞬间，习题、测验、老师的谆谆教导乃至曾经设想的恐惧都已成了弦外之音，阳光中斑斑驳驳的尽是年轻人匆忙不定的心跳。

猛然发现，安安分分听长辈们老生常谈的悠闲日子已经离我们渐行渐远，不经意间，我们都走到了岔路口。选择与定位就像一辆疾驶的列车，在我们面前呼啸而过，我们必须慎重却又迅速地作出决定，跳上那辆会把我们载向远方的列车。

那不是儿时的过家家——我一遍又一遍地提醒自己——我不能由着自己的喜好先选择自己喜欢的印有小熊维尼样式的列车，玩腻了再试另一辆，然后再换一辆。我知道人生不会给我充足的时间，我只能认定一个方向去追求并且永不放弃。

我必须承认，纵然我能在复杂的计算题与颠来倒去的复合从句中游刃有余，但在未来面前，我却是一无所知的婴儿。也许很多话可以被包装得很漂亮，我可以安慰自己——那是初涉人生的青涩、懵懂或是朦胧的摇摆；但那也意味着我把我的生命嫁给了由无知作媒婆的未来。

教室里沸沸扬扬，黑板上密密麻麻的字迹却是越发模糊……

“北大好！毕业后在北京捞个一官半职，绝对的金饭碗！”

“还是港大好，香港大公司多，出国又容易。”

“还是选复旦吧，留在上海也蛮不错的。”

大伯姨妈们在我面前赤裸裸地展示他们为我描绘的美丽图景——一个

看上去富得滴油的专业，一张顶尖大学的毕业文凭，一份体面的收入，嫁一个有责任心、事业心、懂得体贴人的丈夫……我当然无法拒绝他们的关心与期待，但我厌恶地感觉到在他们眼中，我就像一块玉石，可以在他们的各种希冀小雕刻成型。

然而，我是谁，我的价值，我的位置，我的梦想，我的归依？

不错，我比不上席慕蓉的诗情，无法像她那般婉转地问自己："我想要的，到底是些什么呢？"直白让我只能浇灌出冷冰冰的：三个字——我是谁？——它们就像是幽灵般环绕着我，压榨着曾经的无忧无虑。

我曾嘲笑过提出这个问题的人——我嘲笑他们煞费苦心地去寻求一个没人能给出的答案。我看着自己一步步走来的过程，尽管并非事事顺利，也无法让自己变成想象中的那样完美，但这段路至少不算糟糕：当我想得到一个好成绩时，一般都能如愿；当我站在星光四射的舞台上时，常常有掌声与尖叫如影随形；当我和熟人见面时，他们夸奖我懂事、乖巧、勤奋、成熟……几乎每一个阶段可以给予的最动听的评价我都拥有了。我——一个从未问过自己"我是谁"的人，不是活得好好的？

可是在一瞬间，这一切统统被颠覆了，在一个硕大的未来面前，我实在太微不足道，我是谁？我只是一个没有任何成就和辉煌的小孩，一个对外界世界一无所知的骄傲的学生，一个悬在半空中抓不到过去更看不到未来的浪人。

终于明白了，这18年来，自己只是生活在安逸的睡梦中，循着一条长辈们为我铺就的安稳的道路；可是在18年后，当我猛然回望时，我看到了荣誉、赞美和钦羡，却唯独看不到属于自己的脚步以及属于自己的望向某一个方向的坚定的眼神，只有一条模糊的影子在无数人的关怀中拖得很长很长……

窗外，一株梧桐陪伴了我整整18年。

它的生命简单而富有规律——春天抽出新绿，然后陪伴黄昏里的点滴细雨，最终在凉风善意的提醒中飘落下树叶，归入脚下的泥土，第二年便是又一次的滋长与剥落。

我相信，要读懂一株梧桐的生命算不上难事。

突然想起自己曾经和同桌小月的对话。

有一天她心血来潮地问我："顾城一生寻找着什么？"

"光明，用黑夜给予的黑色的眼睛寻找光明。"

"他找到光明了吗？"

“不知道，但他一定没有在黑夜中找到自己存在的理由。”

“茨威格能算是智者吗？”

“当然，他最能理解托尔斯泰逃向苍天的悲壮。”

“那他自己呢？他不是也没能找到自身存在的现由么？”

我沉默。

“那么鲁迅呢？”

“我想，他该是了解自己的，他说自己并不是一个振臂一呼的英雄。”

“他不是振臂一呼的英雄，可他是什么呢？难道他曾停止过彷徨与呐喊？”

是的，我不知道那是自诞生之初时注定的宿命，还是人类的不够成熟，似乎上天给了人类足够的智慧去解释一个苹果的下落或是学会了用优美的语言记录数万年的斗转星移，但当人类掉进自己的生命时，就像陷入了难以解释的黑洞。我相信对于那些卓越的艺术家而言，把他们逼疯的不是对艺术技法的难以驾驭和超越，而是一堵厚重的石墙挡住了他们探索自己内心的道路，扭曲的自画像里自始至终弥漫着无言的挣扎和疯狂的咆哮。

悠悠苍天，此何人哉？《诗经》中的话语穿越千年，却依旧是难解的密码。

莎翁有言：“一个人看不见自己的美貌，他的美貌只能反映在别人眼里。”但如果一个人看不见自己的灵魂、找不到一个真实的自己呢？

可我却常常分辨不清真正的自己。我总是要求自己写下诚实的文字，不迎合任何人的口味，不乞求任何人的夸奖，只要窗外啄食的麻雀可以领会其中的真诚，或是荷塘的菡萏能够感知其中的纯粹，但每当我翻开自己曾经的文字，我所见到的却总是老师们喜欢的华丽辞藻；我以为自己对娱乐和明星嗤之以鼻，并且名正言顺地嘲笑那些痴狂而不可理喻的粉丝，但当我翻开期刊杂志时，却总是在无聊的八卦新闻中耗去宝贵的时光；我相信自己喜欢倚着窗栏静观云卷云舒花开花落，但我却实在难以接受一段波澜不惊平淡庸碌的生活。

我是谁？我究竟是一个人，还是一个个模样相同却有着不同意识的躯体的叠加，当我站在镜子面前时，我是否能肯定地告诉眼前那个人，你就是我，我就是你，对于人类来说，我，究竟是不是一个永远无法探知的领域？就像地球无法给自身加以重力，就像我读懂了那株与我毫不相干的梧桐的生命，却读不透自己的性格与未来。

那条路上，许多人背着行囊艰难跋涉。他们看上去是永不寂寞的，幼年时，他们有父母的关照；青年时，他们有师长的叮咛；中年时，他们有朋友的相伴；老年时，他们有家人的相濡以沫。

但在探索人生的旅途中，却实在没有多少人不是孤独的行路者，没有人可以帮助他们，只有迎着猛烈的山风缓步前行。我想，在那条路上，从不后悔的人可能是不多的，没有人可以在黑夜中接连指出正确的方向，不过若是后悔自己曾经来到世上，那兴许是莫大的悲哀。

他们要用多久才能得到答案？我要用多久才能得到答案，要绕过多少曲折的溪流？要迷迷糊糊地闯入几许迂回的丛林？

疲惫茫然的时候，我们总是这样安慰自己——没有困惑的人生虽然简单、轻松，却也苍白、脆弱，生命中很多东西是无法弄明白的，但尝试着去探寻总可以称之为一种让人敬佩的努力和勇气。

可我们毕竟也常常害怕，害怕当我们挥手作别时，看到的都是别人眼中自己应该有的模样，这生命，似乎只为完成他人的画卷，我们的梦想呢？是否被塞进了墙角旮旯，我们的面孔呢，是否连自己都已遗忘？

许多人都说我们是幸福的一代，拥有无数的选择与机会，可是，如果我们无法为自己定位呢？这是不是就像最前边的那个“1”一样，决定着紧随其后数不尽的“0”的价值？

教室里，喧闹依旧，“北大、港大、复旦、交大、工商管理、法学、信息科技、土木工程……”那是一群年轻人，十七八岁；人生对于他们来说太重要，但他们毕竟还太年轻……

心灵感悟

生活条件优越的我们，习惯了依赖和索取，于是在父母的荫蔽下，渐渐模糊了理想，也淡忘了自己。

站在人生的十字路口，除了迷惘与嗟叹，我们更需要的，是斩断犹豫和羁绊，勇敢地活出最真实的自己！

黑暗中的老虎

多年前，曾经有一个风靡一时的电视转播节目，播放马戏表演实况。其中有一段孟加拉虎的表演，特别受观众的喜爱。

一天晚上，驯兽师像往常一样开始演出。在众人瞩目之下，他领着几只老虎进入铁笼子，然后将门锁上。接着摄像机缓缓靠近铁笼子，表演正式开始。现场和电视机前的观众紧张地注视着聚光灯下的铁笼子，看驯兽师如何潇洒地挥舞鞭子、发号施令，看威武的老虎如何听命于驯兽师，服服帖帖做出各种杂耍动作。演出越来越精彩，观众的情绪越来越高。可是就在这时，糟糕的事情发生了：现场突然停电!这名驯兽师被迫待在兽笼里与凶猛的老虎为伍。黑暗中双眼放光的孟加拉虎就近在咫尺，它们能清楚地看见他，而他却看不到它们，只有一根鞭子和一把小椅子可作防身之用。在长达近一分钟的时间里，观众的心情忐忑不安，都为笼子里的驯兽师担忧。然而，在灯重新亮了以后，大家惊喜地发现驯兽师安然无恙，之后他平静地将整个演出完成。

在后来的采访中，有记者问他，老虎能在黑暗中看见他，而他看不到老虎，他当时是否害怕老虎会朝他扑过来。这名驯兽师说，一开始自己确实感到毛骨悚然，但他马上就镇静下来，因为他意识到了一个非常重要的事实：虽然他看不见老虎，但老虎并不知道这一点。“所以，我只需像往常一样，不时地挥动鞭子、吆喝，就当什么事也没发生一样，不让老虎觉得我看不到它们。”

“就当什么事也没发生一样”，简简单单的一句话，然而做起来并不容易!不难想象，如果驯兽师被停电这一意外吓呆了，没有做到“就当什么事也没发生一样”，等待他的将是什么样的命运。其实，在复杂多变的生活中，我们也会与“黑暗中的老虎”不期而遇。只不过那不是凶猛的野兽，而是人生道路上的困难和挫折。当困难和挫折不期而至时，许多人不知所措，放弃了自己为之奋斗的理想，而有些人却能冷静下来，“就当什么事也没发生一样”，依然保持着先前的拼劲儿和勇气。这是两种截然不同的人，他们的不同不在于他们是否拥有理想，是否为理想付出努力，而在于当遭遇困难与挫折时，他们是否还一如既往地坚持自己的理想与努力。也就是说，当面对“黑暗中的老虎”逼视时，他们能否做到“就当什么事也没发生一样”。

心灵感悟

当困难和挫折不期而至时，许多人不知所措，放弃了自己为之奋斗的理想，而有些人却能冷静下来，“就当什么事也没发生一样”，依然保持着先前的拼劲和勇气。

让我们多看一眼

因工作需要，我从一所风纪严谨的重点中学调到中职学校，很长一段时间看不惯学生听天由命、不思进取的散漫作风，尤其是那个欧阳，那么帅气聪明的小伙子，上课总是迟到，集体活动从不参加。一次学校组织活动，要去护城河畔植树，欧阳到办公室来请假：“老师，真对不起，我爸爸病了，我下午不能参加活动了，能不能我下星期多做两次值日补上？”我不由得火冒三丈：“用值日补？你倒会挑肥拣瘦！下午植树太阳晒着、风吹着，女生都没有人请假，亏你一米八的小伙子想得出！你爸爸什么病偏要你今天请假？”欧阳一言不发，讷讷地走了，正巧来送考勤的班长在旁边轻声地跟我说：“小麦老师，您别生气，欧阳挺不容易的，他其实是个热心的男孩，他妈妈死得早，妹妹是先天智障，两年前爸爸出车祸瘫了，家里上无片瓦下无寸土，他一边打工一边上学，又要照顾爸爸，又要关心妹妹，不知吃了多少苦，也难为他了。”班长的话让我大为吃惊，也为自己的失察和不知体恤深深地自责，再见欧阳，连他曾经让我无可奈何的憨憨的笑容，看起来也那么纯真可敬。

高中毕业时大家笑谈：“苟富贵，莫相忘。”十几年来只有李风混得春风得意，作为一个成功的经理人，整天纽约、大阪、温哥华地飞，李风在母亲去世后就把父亲接过自己家来住，李风的太太漂亮温和，在教育局工作，一家人看起来其乐融融。然而时间久了，有人开始对李太太有了些议论：“她自己天天出入开宝马，进高档美容院，穿范思哲的衣服，再看看公公吧！啧……亏她受过高等教育，为人师表呢！”也是，眼见李风的父亲一年到头一灰一蓝两套旧衣服。

寒酸得不像话。李父病了，我们几个同学去看望，李太太正在给公公削水果，保姆拿着那套补着补丁的灰衣服正要去洗，直性子的芳冲口而出的话就有些不客气了：“省点儿事吧！那件衣服我看都不值洗涤剂钱呢，现在条件好了，给老人买件新的吧！”

李太太不语，李风笑笑："谁说不是呢！可父亲总说小的时候我们家里穷，妈说爸在外面挣钱养家要穿得体面，一家人省吃俭用好几年才发了这两套衣服，后来穿破了，妈妈就细心地缝补，两年前妈妈不在了，爸爸怀念母亲，念念不忘那些贫穷的相濡以沫的日子，衣服穿在身上舍不得脱。爸爸常常摸着那些补丁，说衣服上有母亲的气息呢！"李风说着，眼睛有些湿了。"是啊是啊！"父亲看看衣服，忙不迭地说，眼神里满是温柔的思念。一时间，我们哑口无言。

生活中我们多少次一念之差，把善良当成了邪恶，把勤勉看做了功利，遇到事情的时候，让我们多看一眼吧！多看一眼，我们会看得更清楚、更明澈。

心灵感悟

文中的两件事都是极其平常又容易误解的事情，所谓一叶障目。生活中我们都能静下心来多看一眼，将会看得更清楚、明澈。

破茧成蝶

乡居年代，我曾在蚕房里住过两年。我洞悉蚕在其生命轮回过程中每一个隐秘的细节。由黑珍珠一般的子儿，到肉嘟嘟的蚕儿，到沉睡茧中的蛹，最后羽化成蛾，这个神秘的精灵就完成了一次生命的变异。

观察这样的过程是需要耐心的。不过，我愿意等，我始终认为，这样的等待本身就是诗意的。当可爱的蚕儿吸取了充足的甘草润泽后，便用生命的丝线织茧而栖，沉沉而睡。生命被无尽期的黑暗覆盖，沉埋于寂静之中。其实，它是在做一个坚实的梦，蕴蓄着一次生命的复活。

终于，它咬破自己织制的茧子，出来了，由蛹化蛾，完成了生命本质的飞跃，给我惊喜的震颤。

请原谅我的固执，让我称它为蝶。因为它让我想到化蝶的传说。我想，这个细小的生命，它短暂的沉睡，类似于一次死亡。而当它痛苦地咬破自己织制的茧、羽化成蝶，就完成了生命的复活。这个小精灵，在其短暂的一生中，是那么专注于自己的生命，用重生来拒绝死亡，穿越了生死的界限，让生命得以绚烂。透过它的生命过程。从某种性质上说，它接近于神话中涅槃的凤凰。

我感动于破茧成蝶所带来的美学意蕴。很多时候，我看着它振动透明的薄翼，时而以舞者的姿态翩飞于屋檐下，时而款款行走于墙壁之上。这只蝶使我心头的生命之弦得以穿过虚与实的空间。我在想，当初它的沉睡，就是在做着一个蝶梦，一个死与生相连在一起的梦。这个梦既洋溢着古典的气息，又充满着生命的哲思。

其实在生活中，很多时候，我们就如那小小的蚕儿，经常会陷于一种生存的窒息状态，或是处于绝望的境地。对于我们个体生命而言，有时心灵也会结上一种"茧"。如果我们能用心去咬破自己构筑的外壳，尽管这一过程会很痛苦，但于生命的重生，它又实在是一种必须。包括面对死亡，一个能坦然面对死亡的人，也一定能坦然面对生活。

所以破茧成蝶，是人生的一种境界。能够破茧成蝶，就会重获生命的欢愉和快慰。

心灵感悟

在当今日新月异的社会发展中，人应该敢于打破窠臼，跳出襁褓，挑战自己；要在绝境中看到希望，使自己绝处逢生，用拼搏与奋斗不断让自己获得人生的欢愉与快慰。

高大的枫树

由于经济破产和固有的残疾，人生对伯特伦来说已索然无味了。

在晚冬的一个晴朗日子里，伯特伦找到了杰克逊牧师。杰克逊现在已被疾病缠身，去年脑溢血彻底摧残了他的健康，并遗留下右侧偏瘫和失语等症。医生们断言他再也不能恢复语言能力了。然而仅在病后几周内，他就努力学会了重新讲话和行走。

杰克逊耐心听完了伯特伦的倾诉。"是的，不幸的经历使你心灵充满创伤，你现在生活的主要内容就是叹息，并想从叹息中寻找安慰，"他闪烁的目光始终燃烧着伯特伦，"有些人不善于抛开痛苦，他们让痛苦缠绕一生直至幻灭。但有些人能利用悲哀的情感获得生命悲壮的感受，并且对生活恢复信心。”

“让我给你看样东西。”他向窗外指去。那边矗立着一排高大的枫树，在枫树间悬吊着一些陈旧的粗绳索。他说：“60年以前，这儿的庄园主种下这些树卫护牧场。他在树间牵拉了许多粗绳索。对于幼树脆弱的生命，这太残酷了，这种创伤无疑是终身的。有些树面对残忍的现实，努力与命运抗争；而另外一些树只会消极地诅咒命运，结果就完全不同了。”

他指着那棵被绳索损伤已枯萎的老树：“为什么那棵树毁掉了，而这一颗树已成绳索的主宰而不是其牺牲品呢？”

眼前这棵粗壮的枫树看不出什么可怕的疤痕，所看到的是绳索穿过树干——几乎像钻了一个洞似的，真是一个奇迹。

“关于这些树，我想过许多，”他说，“只有体内强大的生命力才可能战胜绳索那样终身的创伤，而不毁掉宝贵的生命。”沉思了一会儿后，他说：“对于人，有很多解忧的方法。在痛苦的时候，找个人倾诉，找些活干。对待不幸，要有一个清醒而客观的全面认识，尽量抛掉那些怨恨、妒忌……情感负担。有一点也许是最重要的，也是最困难的：你应尽一切努力愉悦自己，真正地喜爱自己。”

心灵感悟

体内强大的生命力使枫树战胜了绳索那样终身的创伤，那么人类呢？面对不幸与痛苦，除了叹息、怨恨，我们更应做的是抛开痛苦，恢复生活的信心。生命力是青山，留得青山在，还怕不能燃烧出热烈的火焰吗？

第三篇

爱是一根扯不断的绒线

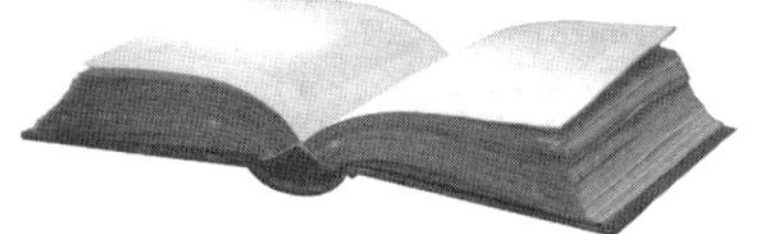

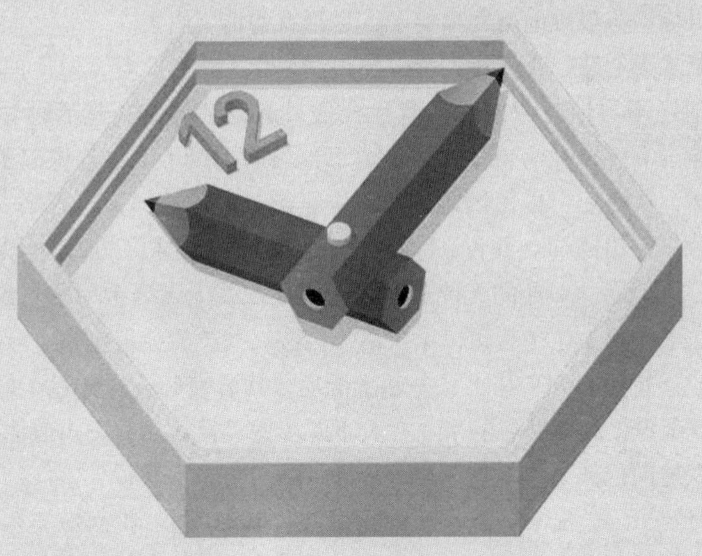

微笑是需要勇气的

李俊是个性格内向的学生，阅完的试卷一发下，我发现他眉头又锁到一起了，他只得了58分。

一个从来不及格的学生，自信心有多差就不用说了。

我合上教案面无表情地走出了教室，李俊跟了上来，他喉头动了一下，然后眼泪就要掉下来了。我站住，等他说话。同学们也围了上来，他的脸涨得通红。我静静地站着，希望他能开口，但他的嘴唇好像紧紧锁住了似的。

他递过一张纸条：老师，我的物理太差，您能不能每天放学后为我补一个小时的课？

我可以马上答应他，但面对这样的一个学生我决定“迂回”一下。我牵着他的手到僻静处说：“老师答应你的要求，可这两天我太忙，你等等好不好？”他有些失望，但还是点点头。我知道他中计了，接着说，你必须先借一样东西给我！他着急起来，可还是说不出一句话。

“你每天借给我一个微笑，好不好？”

这个要求太出乎他的意料，他很困惑地看着我。我耐心地等待着，他终于眼噙泪花艰难地咧开嘴笑了，尽管有些情不由衷。

第二天上课，我注意到李俊抬头注视我，我微笑着，但他把脸避开了，显然他还不习惯对我回应。我让全班一起朗读例题，然后再让他重读一遍。他没有感觉我为难他，大大方方地站起来读了。也许想起了昨天对我的承诺，读完后，他很困难地对我笑了笑。见他这样，我心生一计，又给他设置了一道障碍。我说：“你复述一下题目的要求。”这回他为难得快要哭了。不少同学对他的无能表现得很不耐烦，七嘴八舌地争着说起来，我制止住了大家。他终于张口了，语无伦次。我笑着让他坐下。

他开始和同学来往了，一起上厕所，回教室……这样过了好长一段时间，我都没提为他补习的事。一天下课李俊又拦住我，我知道他要干什么，很幽默地向他摊开手。他一愣：“老师您要什么？”我说：“你写给我的条子呀。”他笑了：“我不写条子了，您给我补补课吧。”我面带笑容：“功课你不必着急，到时我会主动找你的，但我向你借的你还没给够我。”

“好的，我一定给足您。”等他高高兴兴又蹦又跳地走出好一段路后，我才像想起来什么似的把他叫回来，递给他一张纸条，那里有我为他准备的一道题。我告诉他，一天之内把它做出来，可以和同学讨论也可以独立完成。我知道，他宁可“独吞”，也决不会和同学讨论的。这正是性格内向学生的最大弱点。下午他说还没做出来，我有点儿不高兴，说晚自习你还没做好，我可要收回承诺了。自习时我见他站在一个男生边上，忸忸怩怩很不自然的样子，我得意地笑了。就这样我先后为他写了4张纸条，题目一次比一次难。后来，纸条一到手他就迫不及待地和同学们争论开来。

期末考试李俊成绩尚可，科科及格——看来我为他补的都差不多了。新学期刚开学，李俊休学了，因为他爸遇车祸瘫痪了，而他自小就被妈妈遗弃了——这也是他忧郁的一个原因。我有些担心，一个连话都不太愿说的少年，能担负起养护父亲的责任吗？

星期天，我和几位朋友到茶室聊天。刚坐下就被一群小孩子围上了，硬要为我们擦皮鞋。只有一个小孩没冲进来，在外面吆喝着：擦皮鞋，擦皮鞋！……离开茶室，我从那个小孩子面前走过时，发现那孩子竟是李俊！

“老师，让我为您擦一次皮鞋吧。”他说，脸上没有腼腆也没有沮丧。我答应了，伸过鞋子让他很用心地擦着。他一边擦一边说，他虽然不缠人，生意也不错。顾客告诉他，他的笑容很好看。

我说，是吗？他又笑着告诉我，不久他还会复学的。他学会了笑，他的笑让他挣半天钱也能养活他和爸爸了。

我也高兴起来，我说我一定等你回来。可转过身，我的泪水就出来了。李俊大声地在后面喊，老师您要笑呀，您不要哭！我点点头，反而呜咽有声了。

我终于没有给他补课，是他为我补了一堂人生课。

心灵感悟

读过这篇文章，我想到一句话：微笑是需要勇气的。人生中的不幸让李俊过早地担负起了家庭的重担，同时，也失去了微笑的权利。但关爱他的老师唤醒了他笑对人生的信心。不管李俊以后成绩如何，他的心胸一定充满灿烂的阳光。

摩尔小姐的际遇

一天早晨，纽约城一家公寓的大门缓缓打开，一根手杖颤巍巍地伸进门内，随后走进一个步履蹒跚、满头白发的老太婆，看上去足有85岁高龄了。

生活中这种情形也许已是司空见惯，但这个老态龙钟的外表里，裹着的却是一个丰满的、充满青春活力的身躯，一颗26岁的心在这个躯体中跳动！

帕特·摩尔小姐是一个工业产品设计师，她对出现在老年人用具中的某些特殊问题非常关心。她想对老年人知道得更多、更具体些，因此把自己“变”成85岁的老太婆。“变老”过程整整花费4个小时的时间。

第一天，目的地是俄亥俄州的哥伦布斯，出了家门，摩尔要招呼一辆出租汽车到机场。空“的士”一辆接一辆地从眼前掠过，可司机都只当没看见这个“老太婆”。莫不是他们认为老妇女不会给优厚的小费？

出席哥伦布斯会议的几乎都是年轻的专业研究人员，大会所有的论题都是研究老年人问题。然而不可思议的是，与会者似乎根本没有感觉到他们中间就有一位老人的存在，摩尔像是被人遗忘了。休会时，一个青年男子给小姐们送来了咖啡。摩尔暗自想：我呢？假如我是个姑娘，他一定也会给我送咖啡的。一天的会议结束了。摩尔憋了一肚子气。这是26岁的姑娘以往从未体验到的。

又一天，一个温顺胆小、衣着邋遢的老妇女——摩尔，走进一家药店买胃药。店主向后一指：“后边底架上，自个儿瞧吧！”摩尔看了半天，哆哆嗦嗦地请求他：“请您帮我读一下用法说明好吗？”店主一脸愠色，飞快地念了一遍，然后用尖刻的语调说：“OK，听明白了吗？！”

次日清晨，26岁的充满自信、苗条秀丽的摩尔又走进了这家药店。“早上好，小姐！”店主满脸带笑，“我能帮您什么忙吗？”摩尔一字不差地重复了昨日“老女人”的问话。店主可爱地微笑着，陪着摩尔走到药架边，弯腰拿起一瓶胃药，详细地把用法说明、产地和价格都讲解了一遍。收钱后，还祝愿摩尔早日恢复健康。

离开了药店，摩尔体会到了老年人通常具有的防御心理。年轻的心震颤、哭泣了——为老年妇女的遭遇！

心灵感悟

在生活中，我们都痛恨以貌取人的势利小人，可是，我们是不是能够公平地对待身边不同身份的人呢？自古谁人无老年？！我们本来应该对他们关怀备至，为什么反而“另眼相看”呢？

美丽的胡萝卜

亲爱的女儿，今天是你20岁的生日，继你爸爸上周出差，今天我也要出差，我把这封信留在生日蛋糕旁边，这样你一回家就可以先读它了。你上月整整一个月没有回家，却来了封信，你在信上问：妈妈，究竟什么是爱情？你是大学生，你们这一代人有些不屑于向我们这一代人请教这类问题的，但是，从你闪烁的字句和颤动的笔触中，我感觉到了你的困惑和焦灼。我亲爱的女儿啊，你一定遇到了任何书本都没专为你准备的现实问题……

什么是爱情？老实说，我回答不出。但我想到了20岁时候的自己。那一天，我在师范学院的大门口转来转去，活像热锅上的蚂蚁。我在等他，可他没有在预期的时间范畴里出现。

我觉得太阳是绿的，而树木是红的，从我身边经过的熟人或生人全都惊异地望着我，有的还过来说几句询问或打趣的话语，但这一切对于我来说都没有丝毫的意义。在那一段时间里，我心头充满不祥的预感，我想他搭乘的那一趟长途汽车肯定半道翻车了……我觉得自己心里空空的，我突然前所未有地、痛楚地意识到他对于我的极端重要性。他竟然突然出现了，我感到太阳依然是红的，树木依然是绿的，我的心因为过分充实而显得有些憋闷。我把他引到校园的一角，他从挎包里取出一根胡萝卜，塞在我手中，对我说：“原谅我，原谅我，原来是3根，可只剩下这一根了……”

他高我一届，毕业后分配在远郊县一所农村中学教书。他乘坐长途汽车进城途中，汽车抛锚了，那车足足修理了两个多钟头才重新行驶。当乘客们坐在路边田坎上等候时，有个妇女晕倒了，是饿晕的。亲爱的女儿，那年头在我们共和国历史上被称为“三年困难时期”，因饥饿而浮肿、而晕倒的事并不罕见……当人们摇醒她以后，他给了她一根胡萝卜，而她立即嚼着吃了，脸上恢复了笑容……没想到另一位看上去并不虚弱的老人伸手向他要胡萝卜，他不愿给，他说："您知道吗，我们一个月只发15根胡萝卜，这是我带进城……给我妈的礼物。"他妈妈其实早去世了，他是为我带来的。

但临下车时，他心里过意不去，又主动把一根胡萝卜给了那老人，而那老人也就道谢着收下了。

他只剩下一根胡萝卜给我，那真是世界上最美的胡萝卜……亲爱的女儿啊，对于我来说，爱情是和3根胡萝卜联系在一起的，而后来所出现的爱情结晶，你猜到了，就是你。

你成为一个独立的个体了。你们这一代对于爱情一定有许多新的发现和新的理解，然而，依我想来，既然自古就有爱情这么一种东西，那么，它那最恒定的内核，一定是单纯而质朴的，犹如一根通红秀美、新鲜结实、饱含汁液的胡萝卜。

女儿啊，掀开蛋糕边盘子上的餐巾纸吧，希望你不但细细地看，深深地想，而且希望你吃上一根，那本是可以生吃的，富有特殊的营养……

心灵感悟

母亲将"爱情是什么"告诉了自己的女儿。而她对爱情的理解也是最朴素的。质朴的语言，淡淡道来一段质朴的爱情，能拥有这样单纯而不变的感情多幸福啊！这是怎样深沉的爱，含蓄的述说并不妨碍浓烈情感的表达，质朴诚挚的语言把一种清新质朴的爱情带到读者眼前，远比当下众多泛滥的爱的表白要胜出一筹。

爱她，所以离开她

从初中起，安冬就是我的同桌，他爱玩爱闹，成绩却很好。中考时，安冬的分数大大超过了他所报考的那所中专，然而最终却被拒之门外，原因是他有先天性心脏病。但在我们眼里，他骑车、游泳、爱唱爱笑，比"健康人"还健康。

高中时我和安冬竟然又分在同一班，这令我们开心不已，自作主张搬到一起又做起了同桌。平时我话不多，可是跟安冬在一起却滔滔不绝，又笑又闹。他常常约我们几个好友去米江边散步，走在暖洋洋、白茫茫的河滩上看芦苇随风轻舞，碧水依山低唱，安冬会无比兴奋地高歌几曲。

那时我是个爱做梦的小姑娘，在我心里，安冬不知什么时候已经成了我想象中的白马王子。他英俊、活泼、聪明，尤其是他经常阳光灿烂的笑脸让我心动。有时他也会偶尔掠过一丝别人不易察觉的忧郁，他如此望我一眼时，我居然会有种凄美而心痛的感觉。当然这是心里最深最深的秘密。

高二时的一天，我无意中翻阅安冬的笔记本，最后一面居然写着：爱她，所以离开她。

我一听，莫非安冬对哪个女孩倾心了？我装作好奇、活泼的样子对他嚷："快快从实招来，是哪位！"

不料安冬却沉下脸很烦躁地说："你干嘛乱翻我的东西！我抄的一句歌词，关你什么事！"

同学们都诧异地望着我们，我第一次被安冬如此冷落，又恼又气，不再理他。

第二天一早到学校，发现安冬已自作主张和别人换了位子，少女的矜持与自尊，使我装作对他的举动无动于衷，跟我的新同桌很快打得火热，其实我心里很难过。我有时想，那句话是不是对我而言呢？可很快就骂自己自作多情。我们也慢慢疏远了。

不久，一向成绩优异的安冬却突然宣布退学了。他说："我早就想赚钱了。赚钱，是一种责任，懂不懂？我要接管我哥的小百货店，以后各位读大学缺钱，找我就是！"

安冬经营那家小百货商店后，还真的赚了不少钱，他出资把家里，尤其是父母的房间装修得很豪华，被我们县许多人称为有出息的孝子。

后来我考上大学，偶尔想起以前的那个白马王子的梦想，感到十分可笑。安冬偶尔会给我打电话，我庆幸从没提起过曾暗恋他，要不多尴尬！

大学三年级的一个雨天，安冬的姐姐居然出现在我眼前，显得很憔悴。她告诉我："你知道吗，我弟弟有种先天性心脏病，治愈率只有千分之二，医生曾说他很难活过20岁，这一点弟弟十三四岁时便知道，但他一直很坚强，一直是最合格的好儿子、好弟弟。他曾经告诉我他非常喜欢同桌的一个好女孩，当然这不能告诉她，她是一个那么脆弱的女孩。"

我无比惊讶地望着她。她却开始流泪："弟弟两个月前已经去世了，他曾经记过一本日记，扉页上写满你的名字。弟弟独自忍受了太多的痛苦，我希望当他在另一个世界时，他的内心能让他的好朋友知道并理解一点点，所以我想把这本日记送给你。"

我接过那本日记，下意识地一翻，突然我看见了大大的我的名字，后面是一句话："爱她，所以离开她。"

心灵感悟

分开有时候并不意味着结束，而是一个美丽思念的开始，爱一个人好难，找一个相爱的人更难。成功的爱情固然是幸福的，但失败的爱情并不是绝望的。只要在内心深处依然思念着他，就仍是幸福的。

下一次就是你

阳光的温暖不会放弃任何一个微弱的生命！

有一个女孩对足球十分痴迷，一个偶然机会，她被父母送到了体校学踢足球。

在体校，女孩并不是一个很出色的球员，因为此前她并没有受过规范的训练，踢球的动作、感觉都比不上先入校的队友。女孩上场训练踢球时常常受到队友们的奚落，说她是"野路子"球员，女孩为此情绪一度很低落。每个队员踢足球的目标就是进职业队打上主力。这时，职业队也经常去体校挑选后备力量，每次选人，女孩都卖力地踢球，然而终场哨响，女孩总是没有被选中，而她的队友已经有不少陆续进了职业队，没选中的也有人悄悄离队。于是，平时训练最刻苦认真的女孩便去找一直对她赞赏有加的教练，教练总是很委婉地说："名额不够，下一次就是你。"天真的女孩似乎看到了希望，树立了信心，又努力地接着练了下去。

一年之后，女孩仍没有被选上，她实在没有信心再继续练下去，她认为自己虽然场上意识不错，但个头太矮，又是半路出家，再加上每次选人时，她都迫切希望被选上，因此上场后就显得紧张，导致平时训练水平发挥不出来。她为自己在足球道路上暗淡的前程感到迷茫，就有了离开体校的打算。

这天，她没有参加训练，而是告诉教练说：“看来我不适合踢足球了，我想读书，想考大学。”教练见女孩去意已决，默默地看着她，什么也没说。然而，第二天女孩却收到了职业队的录取通知书。她激动不已地立马前去报了到。其实，她骨子里还是喜欢着足球。女孩这次很高兴地跑去找教练了，她发现教练的眼中同她一样闪烁着喜悦的光芒。教练这次开口说话了：“孩子，以前我总说下一次就是你，其实那句话不是真的，我是不想打击你而告诉你说你的球艺还不精，我是希望你一直努力下去啊！”女孩一下子什么都明白了。

在职业队受到良好系统实战训练后女孩充满信心，她很快便脱颖而出。她就是获得20世纪世界最佳女子足球运动员称号的我国球星孙雯。

后来，孙雯讲述这段往事时，感慨地说：“一个人在人生低谷中徘徊，感觉自己支持不下去的时候，其实就是黎明的前夜，只要你坚持一下，再坚持一下，前面肯定是一道亮丽的彩虹。”

心灵感悟

“下一次就是你”，不仅给了我们希望，还说明了我们在某些方面还有缺陷，仍需努力付出。常言说：磨刀不误砍柴功，只要不断充实、完善自己，时刻准备着，在逆境中绝不放弃，再坚持一下，那么，下一次见到彩虹的可能就是你。

六月的黄丝带

娜塔莎有一头让所有女孩嫉妒、同时让所有男孩喜欢的黑色长发。她一度是纳布卢斯贵族学校最亮丽的风景。

许多聪明而多情的男孩都是从倾慕那头瀑布似的长发开始爱上娜塔莎的。他们费尽心思地给他们心目中的天使送帽子、发夹、头箍等各种五花八门的头饰。最初收这些礼物时，娜塔莎是自豪而幸福的，有时还会回赠给男孩子一些小礼物呢。渐渐地，娜塔莎似乎被宠坏了，她开始对男孩子们送的礼物反感起来：心情好的时候，她会把这些小饰品转送给班上的女同学；心情不好的时候，娜塔莎连包装都不愿拆就把礼物退还给男孩们。

每当娜塔莎趾高气扬地退还男生送的礼物时，教室的角落里就有一个家伙打着尖厉的口哨，满脸的嘲讽与不屑。男孩子叫彼尔，一个酷爱打架并且老是旷课的学生。他是班上唯一一个对娜塔莎的长发和漂亮视而不见的男孩儿。娜塔莎也不喜欢彼尔，她称彼尔为“纳布卢斯的傻瓜和疯子”，其实他们两人没什么大的争吵与冲突，但谁都明白：叛逆而冷漠的彼尔和美丽高傲的娜塔莎势不两立。

六月的一个清晨，娜塔莎像往常一样披着美丽的长发，来到自己的座位，放下书包，掀开课桌。课桌里，她灰色的笔盒上系着一根长长的黄丝带。自然淳朴的黄色丝带系成了一个大而笨的蝴蝶结。蝴蝶结下压着一张小小的卡片，上面写着一首诗：织进我全部的爱慕与梦想的黄丝带会不会系上你刹那回头的笑靥／我就坐在这里，低头等待我的蝴蝶和你的长发一起飞扬成童话……卡片上没留姓名，但这别致的礼物和与众不同的祝福方式，却已深深打动了高傲的娜塔莎。她颤抖着双手，慌乱地解开丝带，迫不及待地把黄丝带系在了头上。

金黄的丝带被娜塔莎编成三个蝴蝶结，在她的脑后垂下两条长长的尾巴，像在蓝色天幕下飞翔。黄丝带与娜塔莎的黑发构成的风景，足以让纳布卢斯所有的生灵为之震撼！顿时，教室里开始骚动起来。娜塔莎站起身，像个骄傲的公主，慢慢转过头去。女孩们在交头接耳，男生们则目瞪口呆。除了那个一向与自己作对的彼尔低头在桌子里捣鼓着什么外，没有一个男生低头。娜塔莎有些失落地回过头来，她想：也许是别班的男生呢，迟早我会答应做他女朋友的！

从此，娜塔莎每天都戴着这条黄丝带。她有时把长发盘成精致的发髻，有时又把丝带随意地系在发梢。无论用怎样的方式，黄丝带绝对是娜塔莎头上最适当的点缀。如果丝带脏了，娜塔莎就连夜将它洗净晾干，第二天早上再戴上。很快丝带伴随娜塔莎度过了3个月的幸福时光。

再也没有人送娜塔莎头饰了，聪明而敏感的男孩们懂得知难而退。送娜塔莎黄丝带的人却始终没有出现，班上只有一个人知道黄丝带是谁送的，他就是彼尔。表面放荡不羁甚至对娜塔莎视而不见的他，其实很早以前就喜欢上了娜塔莎。但他不想让别人知道，更不想和其他男孩一样俗不可耐。直到有一天，彼尔在商店里发现这根黄丝带后，不由自主地想起了娜塔莎的长发。他偷偷买下了这根丝带，还费尽苦心找来那首小诗，一起悄悄放在了娜塔莎的抽屉里。几个月来，娜塔莎与黄丝带形影不离，彼尔也慢慢攒足了向她表白的勇气。他还在学着写诗呢，他要成为娜塔莎心中的诗人。

可是10月份，彼尔违反了校规，学校决定把他送到郊区阿尔一个专门的学校就读。通知下来时，彼尔出奇地冷静。他先到文具店买来一沓黄色信纸，花了近5个小时，一笔一画地将几个月来写给娜塔莎的诗全部抄上去。彼尔还自我解嘲地说："我还是第一次这么认真写字呢，该死的爱情！"

办完离校手续后，彼尔找到娜塔莎，红着脸将精心包装好的"诗集"递过去。娜塔莎一脸鄙夷地说道："纳布卢斯的傻瓜和疯子，还会送我礼物？我不要！"彼尔的脸红到耳根，低头说道："我见你那么喜欢我送你的黄丝带。""你送的？"娜塔莎惊诧万分地打断彼尔，她扯掉头上的丝带，扔在地上，触电般地尖叫着："早知道是你送的，我就把它扔进厕所，你这个纳布卢斯的孬种！"泪水从彼尔脸上滑过，他边弯腰拾起黄丝带，边对骂他的这个女孩说："我甚至在为你写诗，你知道吗？"娜塔莎有些歇斯底里了："如果你有一天成了诗人，我倒会考虑做你女朋友呢。"

娜塔莎说完头也不回地远去了，彼尔望着她的背影气急败坏地叫道："娜塔莎，你才是纳布卢斯的孬种！我会成为诗人的，我会让你后悔的！"

也许15岁还不足以懂得和尊重爱情。娜塔莎因为讨厌彼尔，而讨厌她原本钟爱的彼尔送的黄丝带。但对彼尔来说，娜塔莎毫不留情的鄙视和嘲讽已侮辱了他纯洁无瑕的爱情。

10月底，彼尔怀着对纳布卢斯贵族学校的"仇恨"和对娜塔莎的绝望，心情抑郁地坐上了开往阿尔的列车。

娜塔莎扔掉了那根曾带给她骄傲和耻辱的黄丝带后，就再也不戴任何头饰了。随着年龄的增长，娜塔莎也会为自己当初的绝情后悔，毕竟那根黄丝带曾带给她那么难忘的时光啊！

而在阿尔的彼尔，却比在纳布卢斯学校更加放荡不羁了：抽烟、酗酒、打架，无人能及。他也开始疯狂地写诗，像一个大诗人那样纸笔不离身，可写出来的都是一些颓废、伤感甚至匪夷所思的诗。他想成为诗人，他认为只要写诗，即使无恶不作，也同样能成为诗人。一个偶然的机会，娜塔莎在一本杂志上看到了彼尔的诗。那种语调，那种字里行间散发出的阴郁，让她打了个寒战。她知道彼尔在写诗，但她更知道彼尔正在迅速堕落。

托尼是唯一知道彼尔和娜塔莎故事的人，看到现在的彼尔已为一根丝带变得如此颓废堕落，托尼决定帮助他。他从商店买了一条黄丝巾，剪成无数根黄丝带，然后以娜塔莎的名义寄给了彼尔。

收到“娜塔莎”寄来的东西。彼尔简直不敢相信这是真的。他用颤抖的双手打开了包裹，里面是十几根金黄的丝带啊。小小的信纸上写着：“亲爱的彼尔，我相信你不久就能成为真正的诗人。像黄丝带那样纯洁美好的诗是我最大的等待。”泪水慢慢浸润了彼尔的眼眶。他发疯似地烧光了所有颓废的诗，决心重新做人，要做娜塔莎的诗人！那些他以前不曾留意的广袤平原，脚底潺潺的流水，还有头顶蔚蓝的天空，都给了彼尔天使般的灵感。

娜塔莎21岁生日那天早晨，邮递员给她送来了一个包裹。包裹里是一本名叫《六月的黄丝带》的诗集。无数黄丝带系着无数个笨拙的蝴蝶结。巴基斯坦最著名的诗人在书的扉页上写道：“彼尔所描绘的爱情已远远超出了我和所有诗人们的想象……”

娜塔莎轻轻翻开诗集。扉页上写着：“当有一天我们已走得太远分离得太长／我还会陪着你捧着这本诗集／一起想像黑头发黄丝带岁月里我的梦想和你的荣光——献给娜塔莎。”娜塔莎已泪流满面。她也许忘记了六年前不经意间抛给彼尔的那句话，也许早已忘记自己曾给彼尔造成的伤害，但她知道，自己终于收获了一份原本属于自己的爱情。那个在六月里送她黄丝带的男孩，如今已成了真正的诗人。

在彼尔浪漫精妙的诗句和娜塔莎美丽绝伦的黄丝带中，谁都不知道托尼曾怎样煞费苦心。萦绕在这黄丝带中的岂止是爱情与青春的芳香？那里有着永远值得珍惜与回味的无价情义……

心灵感悟

托尔是非常值得尊重的，他的苦心不仅成就了一段美丽的爱情，更重要的是他造就了一个伟大的诗人。这是伟大的情义！相信只有出于对人世的热爱，才能做出如此的善举。人与人之间有情义真好，生活中有情义真好，天地间有善心的人真好。

海啸中的母亲

31岁的澳大利亚堪培拉女律师阿莎·巴拉姗德拉与父母亲、祖母和阿姨一起到斯里兰卡度过温馨的圣诞节。2004年12月26日早上，巴拉姗德拉一家驾驶着他们的小型货车，准备从斯里兰卡首都科伦坡到加勒市一个著名的旅游小镇游玩。当汽车行驶至半路上时，坐在驾驶座上的阿莎忽然看到一阵巨大的海浪冲过一个堤防，迅速袭向他们的汽车。阿莎在事后回忆说："我看到第一阵海浪冲过堤防，接着便看到第二阵。我们吓得大声尖叫：'上帝，海水漫到路上了，我们是不是应该往回走？'"

但是，当巴拉姗德拉一家准备掉转车头时，巨浪已经将他们的汽车冲到1千米远的地面上。由于撞上一棵大树，原本被巨浪推着快速前进的汽车立刻停了下来。但是，以为就此逃过一劫的巴拉姗德拉一家正准备松一口气，跳出汽车逃离时，数米高的海水迅速将汽车淹没，车内慢慢开始进水，被困车中的一家人吓得脸色苍白，大声尖叫起来。

惊慌失措的阿莎一边呼救，一边用脚用力踢向车窗。用尽全身力气，好不容易将车窗踢碎后，阿莎爬到车顶，向着车内大喊，让家人通过车窗爬出来。眼看水面渐渐涨高，齐胸而过，焦急的阿莎急忙拉住困在车内呕吐不止的父亲，拼命将他拽出汽车。但是，阿莎的母亲、祖母和阿姨却由于身体衰弱而无法爬出汽车，被困在即将浸满水的车内虚弱地挣扎。

几分钟后，第二阵巨浪汹涌而来，淹没了附近所有的房屋，冲毁了其中大部分房屋，无数尸体在几分钟后漂到水面上。原本卡在树边的汽车也再度被冲走。趴在车顶上的阿莎父女由于紧紧抓着车顶钢杆，随着被困车内的亲人一起，被巨浪冲到一幢已经损坏但仍然站立在原地的房子旁。汽车停止前进后，车顶上的阿莎父女准备营救被困在车内的亲人。但是，阿莎的父亲在救人时被巨浪冲走。幸运的是，尽管被大量残骸撞击，这个老人最终被一根树枝拦住，逃过一劫，幸运存活。

用尽全力将家人从车内救出，阿莎和家人挣扎着爬上一幢房屋。但是，还未等一家人缓过气来，一个巨浪又将阿莎母女和她的祖母及阿姨冲散。手拉着手，紧紧靠在一起的阿莎母女被冲到另外一幢房子旁。抓住房子一角的勇敢母女准备向上爬。但是，由于房子大部分已经被海浪冲毁，剩余的残骸只能容纳一人的重量，如果两人都爬上房顶，房子也将倒塌，沉入水中。

伟大的母亲在生死一瞬间作出了最后决定，她松开手，流着泪，大声地向女儿喊："继续往上爬。不，阿莎，我开始沉下去了，你先爬，你在前面……"母亲还未说完最后的话，无情的巨浪便将她的话语掩盖，将她卷入水中，永远沉了下去。

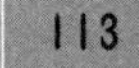

两天后，悲痛欲绝的阿莎与幸存的父亲一起，在当地的临时停尸房内找到了母亲的尸体。意识到母亲幸存的一切希望都破灭后，流着泪，撕心裂肺地呼喊着母亲名字的阿莎晕倒在慈母尸体身边。

声泪俱下的阿莎回忆道：“我的母亲还是那样美丽，她穿着华丽，戴着她的珠宝躺在鲜花中。我那么希望自己跟随母亲一起死去，因为现在的我已经是一个毫无知觉的空壳，我将在未来的50年内，一直流着眼泪从睡梦中醒来，我多么后悔当初没有让自己死去，救活母亲。在海水中，我目睹了另外一个伟大母亲拯救自己孩子的情景。她年幼的儿子由于癫痫症发作，陷入昏迷。这个母亲没有在巨浪袭来时逃离，她抱着她的孩子，不停地呼唤他，试图使他苏醒。后来，海水淹没了这个母亲。但是，在被冲走前，这个伟大的母亲却将孩子高高举起，挣扎着将他递向我们。不幸的是，这对母子还是被冲走了。”

心灵感悟

伟大的母爱是发自内心的一种信仰，正是有了这种对子女的爱，才让母亲们甘愿放弃一切。

钱夹

一个寒冷的日子，我在回家的路上偶然发现了一个别人遗失的钱夹。我拾起它试图找到一些可以联系失主的身份证明。但是皮夹中只有3元钱和一封被弄皱的信，这封信看来已经放在钱夹里很多年了。信封已磨损，唯有寄信人的住址还清晰可辨。我打开信，希望找到一些线索。信的落款日期是1924年，差不多写于60年前。信中的娟秀笔迹出自女性之手，在淡蓝色信笺的左侧角落有一朵小花。这是一封“绝情信”，写给迈克尔的，发信人因她母亲的阻拦再不能见他。即使如此，她写道她仍会一直爱他。信末署名是汉娜。

这是一封精美的信，但是除了迈克尔的名字以外，没有其他办法确定皮夹的主人。或许询问信息台，话务员可以通过信封上的住址查到电话。

话务员建议我和她的负责人说，那位负责人犹豫了一会儿，然后说："嗯，有那个住址的电话号码，但我不能给你。"她说出于礼貌，她可以打那个电话，说明我的情况后，看接电话的人是否愿意让她再与我联系。

我等候了几分钟，然后那位负责人回到线上："有一位女士将会和你说。"我问电话另一端的女士，她是否认识一个叫汉娜的人。她吃惊地说："哦！我们从一户人家买来这栋房子，他们家的女儿叫汉娜。但已经是30年前的事了！""你知道那户人家现在可能住在哪里吗？"我追问。"我记得汉娜几年以前将她的母亲送到了一家养老院，"女人说，"如果你和他们联系，他们可能会找到她女儿。"她给了我养老院的名字，我拨通了电话。电话中的女人告诉我老妇人数年前就已经过世，但是养老院确实有个电话号码，老妇人的女儿可能住在那里。我谢过养老院的人并按她给我的号码去了电话。接电话的女人解释说现在汉娜自己也住在一家养老院内。我想我真是太傻了，为什么要费这么大的劲儿去找一个只有3美元和一封信的钱夹的主人，而那封信差不多已有60年了？

然而不管怎么样，我还是打电话给汉娜所在的养老院，接电话的男人告诉我："是的，汉娜是和我们在一起。"当时已经是晚上10点了，我问是否可以前去看她，那人犹豫地说："好吧，你可以试试运气，她可能在客厅里看电视。"

我谢过了他并开车到养老院。值夜班的护士和一个守卫在门口接待了我。我们上了大楼的3层。在客厅中，护士向汉娜介绍了我。她是一个和蔼的老人，满头银发，面带微笑，神采奕奕。我告诉她拾到钱夹的事并给她看了信。她看见左边有花的淡蓝色信笺的一刻，深深地吸了一口气并说："年轻人，这封信是我和迈克尔的最后联系。"她把视线转向别处，陷入沉思，然后柔和地说："我非常爱他，但是我那时只有16岁，我母亲觉得我年龄太小了。哦，他是那么英俊，看起来像演员肖恩·康纳利一样。"

"是的，"她继续说，"迈克尔·戈尔茨坦是一个非常好的人。如果你能找到他，告诉他我时常想念他，并且……"她犹豫了一会儿，几乎是咬着嘴唇，热泪盈眶，"我一直没有结婚，我想没有人比得上迈克尔……"我谢过汉娜并跟她道了别，乘电梯下到一楼。当我站到门口时，那门卫问："老人能帮助你吗？"我告诉他老太太已经给我线索，"至少我知道了姓氏，但我想暂时放一阵子，因为我已花费了一整天时间来找这个钱夹的主人。"

我取出钱夹，那是个朴实无华的褐色带红边的皮夹。当门卫看到它的时候，他说："嗨，等一下！那是戈尔茨坦先生的皮夹。无论在何处，只要见到那鲜亮的红边，我就能认出来。他总是丢失那个皮夹，我曾在门厅中至少发现过三次。"

"谁是戈尔茨坦先生？"我问，手开始颤抖。"他是8楼的一位老人，那肯定是迈克尔·戈尔茨坦的皮夹，他准是在散步时弄丢的。"我向门卫道了谢就很快跑回护士办公室，告诉她门卫说的话。我们乘电梯去楼上，我祈祷戈尔茨坦先生还没睡。

到了8楼，楼层护士说："我想他在客厅里。他喜欢晚上看书，他是一个可爱的老人。"我们走进唯一亮灯的房间，一位老人正在看书。护士走过去问他是否遗失了钱夹。戈尔茨坦先生惊奇地抬起头，手摸向他背后的口袋："哦，它是不见了！""这位好心的先生拾到了一个钱夹，我们想它可能是你的。"我将钱夹递给了戈尔茨坦先生，他看见钱夹时，松了一口气，笑了，并说："是的，就是它！一定是今天下午从我的口袋里掉出来的。我要酬谢您。"

"不，谢谢您，"我说，"我必须告诉您一件事，为了找到钱夹的主人，我看了里面的信。"他脸上的微笑突然消失："你看了那封信？""我不仅看了信，还知道汉娜在哪里。"

他的脸色突然变得苍白："汉娜？你知道她在哪儿？她还好吗？她还是那么漂亮吗？请快告诉我。"他请求说。"她很好……就和你当初认识她时一样漂亮。"我柔和地说。

老人露出期待的微笑，问："你可以告诉我她在哪儿吗？我想明天打电话给她，"他抓着我的手继续说，"你知道吗，先生？我是那么的爱着那个女孩，以致收到那封信时，我的生命就结束了，我一直未娶，因为我始终爱着她。"

"迈克尔，"我说，"跟我来。"我们乘电梯到3楼，走廊里很昏暗，只有一两个小夜灯照着我们到客厅，汉娜正独自坐在那儿看电视。

护士走到她跟前。迈克尔和我等候在门口，护士指着迈克尔轻声说："汉娜，你认识这个男人吗？"她扶了扶眼镜，看了一会儿，但沉默不语。

迈克尔轻轻地，几乎是在耳语："汉娜，我是迈克尔。你还记得我吗？"她一下激动起来："迈克尔！我不敢相信！迈克尔！是你！我的迈克尔！"他慢慢走向她，两人拥抱在一起。护士和我泪流满面地走开了。“看，”我说，“上帝的安排！如果事情注定要这样，那就一定会这样。”

大约3个星期后，我在办公室接到养老院打来的电话：“你能在星期日抽空参加一个婚礼吗？迈克尔和汉娜要喜结良缘了！”

婚礼办得很热闹，养老院的所有人都盛装打扮前来庆祝。汉娜穿着一件浅米色连衣裙，看起来很漂亮。迈克尔穿着深蓝色的西装，站得笔直。他们让我做男傧相。养老院给了他们俩自己的房间。如果你想看看76岁的新娘和79岁的新郎就像两个十几岁的年轻人一样，那你一定得来见见这对夫妇。一份持续了60年的爱终于有了完美的结局。

心灵感悟

犹如上帝安排有情人终成眷属，即使已至暮年，两人都在等着对方，那份执著令我们感动。我想谁看到这一幕，都会如护士和作者一样，热泪盈眶！

野外的呼唤

7个星期一晃而过，哺育的季节慢慢临近了。小维齐需要自由自在地去找寻它的伴侣，它的新窝。但在它重返自然之前，我和乔必须确信它可以自己捕食。

有一天晚上，乔将一只捉来的小鸡放在厨房，可维齐一动没动。我大失所望，上床睡觉了。但早上乔在它的笼子里看到鸡骨头在粉红色的毯子上堆成了一座小山丘。

小维齐的不安与日俱增。晚上它会走过屋子，望向窗外。白天当我们看到狐狸、雪貂和野兔在雪地上留下的足迹，便明白小维齐看到了什么。

我再无借口将它留下来。难道我不曾对孩子们说过野生动物不该当宠物养吗？尽管我希望小维齐过它与生俱来注定要过的生活，但一想到要放走它，我还是伤心不已。

终于我们认定维齐应该走了。我深深地恐惧着它离去的那一瞬。我慢慢打开屋门，盼望它一冲而出，消失不见。但事与愿违。维齐站在门口，又返回了窝里，卷起了它的粉红色毯子。

儿子司各特说："妈妈，它不想走。"

第二天晚上，我又打开了门。维齐跑出来看了看，它闻到了夜晚的气息，也读懂了其中蕴含的全部意义。但它再一次回到笼子里。

5个晚上过去了。我们的小狐狸终于冒险而出，消失在我们全家的视线里。我和乔悲喜交集，将它的笼子拿到屋外以防它在晚上回来。简和她的弟弟们紧随其后，手里拿着维齐的粉红色毯子、它最钟爱的手套、骨头和一些食物。

第二天早上我们迫不及待地察看笼子。一些食品已经被吃掉了，剩余的一些藏在它的毯子下。雪地上维齐的三只脚印清晰可辨。

3个星期以来，维齐每晚都回来吃我们给它留的食物。它一件件地将手套、骨头都带走了。之后有一天我们在它的笼子里发现了一只刚刚死掉的松鸡。简兴奋地对我说："妈妈，它恢复了！"

接下来的一个晚上，维齐拿走了它的粉红色毯子。尽管我们都明白它就在附近，可我们也都清楚这是它最后一次回到笼子里来。

6月份我们不得不搬家。离去的那天，维齐蹲在护堤上注视着我们。它看上去身体强健，只是夏季的皮毛还比较蓬松杂乱。

"维齐，"我停车跟它作最后道别，"照顾好自己。"它叫了两声，之后便回到了它与生俱来的野生生活。这是我唯一一次听到它的叫声。

简和我那晚在医院里，很久都在谈维齐。简蓝色的大眼睛闪动着晶莹的泪花："妈妈，你知道，生活中任何困难都无法阻挡我实现自己的梦想。"

我的心震颤了一下。当简谈到维齐的时候，我发现自己正在想着的是我勇敢无畏的女儿：她终于要恢复了。

对于维齐，我更愿意相信它已经找到了它的伴侣，当了妈妈。许多次我都看见雪地上它独一无二的脚印，许多次我都渴望知道，是否它的到来就是要告诉我们如何面对生活的苦乐。

心灵感悟

小狐狸真幸运，它遇到了好人的无私救助，它和人类共度了一段和谐美好的时光。它的坚强，也感染了要截肢的小女孩！

红领带，蓝领带

15岁那年，我喜欢上教我们语文的老师。

他刚从师院毕业，瘦高个，俊朗的脸上一双大大的眼睛总含着笑。我喜欢他那一口标准流利的普通话，欣赏他那一手飘逸洒脱的好字，崇拜他能将我喜欢却又不甚懂的唐诗宋词剖析得淋漓尽致……

那时，老师经常提问的是坐在我身旁的霞。霞是那种美丽开朗、爱说爱笑、性格外向的女孩，这样的女孩谁见了都会喜欢。而我则是霞近旁的一片绿叶，我的存在只是为了衬托霞的美丽而已。为了能让老师注意到霞身旁的我，我开始疯狂地投入学习，拼命地阅读课外书籍。在我笨拙而又勤恳的努力下，奇迹一点点出现了：到了期末，我那曾经毫不起眼的成绩把全班人惊得嘴里可塞进一个大苹果，尤其是语文成绩一跃成为全班第一，校刊上也常刊登我写的随笔。

老师终于注意到了不起眼的我，他开始提问我。当课讲到高潮处需要知音时，他总拿眼睛先扫视一遍全班，然后目光落到我身上，看到我点点头，他又微笑着继续讲下去。每到这时，我的心仿佛被他脖子上系着的红领带燃着了……有时，他在班上转悠，不知是不是我的错觉，我总感到他在我身边停留的时间稍长些。

只要他一站在身边，我的思绪就凝滞了，只好拼命地捂住已跳到喉咙口的心，默默地祈祷他能多站一会儿，即使不说话，让我多感受一下来自他的特殊气息也好……青春单调的日子因老师的加入开始丰富多彩起来，日记里关于老师的音容笑貌……在一页页深蓝浅蓝的字行里有着谁也不知道的秘密……

花季因梦美丽，也为梦所伤。静坐灯下，独想我少女的心事，忍不住给他写了封缠绵的长信。告诉他，他一直是我梦的奇迹；告诉他，我是一棵站在他必经路旁的开花的树……可第二天，我又突然没有勇气把那封攥得被汗濡湿的信交给他。于是一次次的黄昏，在如血的夕阳中，我将曾寄托了自己美好幻想的信，一下一下，慢慢地撕成碎片，一扬手，漫天白蝶翩翩飞舞，宛如我纷乱的思绪……

少年情怀总是诗。年少的我们或许因为幼稚的诗意演绎出许多荒唐的浪漫。我记得那年的元旦前夕，学校兴起了“送卡热”。我特意选了张精美的“心”形贺卡，那上面鲜红欲滴的玫瑰感动了我，也将我的心灼得好痛好痛……终于，我提笔写下了久藏心底的玫瑰心语：

我曾有数不清的梦
每个梦中都有你
我曾有数不清的幻想
每个幻想中都有你
我曾几百次祈祷
祈祷命运创造神奇
让我看到你，听到你
让我诉一诉我的心曲、我的痴迷
我爱你的红领带
它似一团火点亮了我的眼睛
明天，明天，你还系着它吗

那晚，我在他办公室外面走廊上徘徊又徘徊，直走得两腿酸麻……最后，一咬牙走进他的办公室，将那张凝聚了自己全部情感的贺卡放在他的办公桌上……

第二天，我一直忐忑不安。终于，他来了，伴随着一声“起立”，我的心“突突”地猛跳，我多么想抬头看一眼，哪怕只一眼，可……坐下后，我仍心跳如鼓，连头上的血管也在“嘣嘣”作响……为了掩饰内心的恐慌，我握笔随意涂抹着，画了好半天，仔细一看，血“腾”地一下全部涌出，原来满纸全是——红领带、红领带、红领带……后来，也不知老师说了什么，大家都笑了起来，我再也遏制不住内心的渴望，在别人的热闹声中鼓足勇气偷偷地、偷偷地抬起了头，迎接我的仍是那双真诚的、关爱的、含笑的眼睛。就在对视的一刹那，我泪流满面……

我看到了，我看到了老师系的是一条蓝领带——那种如天空般纯洁明净的蓝……

15岁，因为蓝领带，我第一次懂得了有种情感叫“师爱”……

心灵感悟

本文描写了一个情窦初开的少女对自己心中崇拜的老师的朦朦胧胧的喜爱之情，这种学生对老师的崇拜之情应该说是很自然的。可是，如果处理不当，往往会造成误会，造成伤害，更有甚者会酿成悲剧，到了不可收拾的地步。本文中的老师不露声色地将自己平常系着的一条红领带巧妙地换成一条蓝领带，这使一个纯洁如水的少女翻然醒悟。这件事，老师用哪怕是最巧妙的语言，也难免会对学生造成伤害；巧就巧在老师没用任何语言和文字，却书写了超越人类任何情感的师生之爱，讴歌了教师的无私和伟大。

父与子

父与子住在离小渔村不远的地方。他们在小渔村的外面买了一小片陆岬，并自己动手在石块和草皮上盖起了两间茅草屋。

父与子相依为命，简直是一刻也不分离。父子两人都用同一个名字：斯乔弗。大家一般管他们叫老斯乔弗和小斯乔弗。老斯乔弗50多岁，小斯乔弗则刚满16岁。

老斯乔弗曾经也很富有。那时，他拥有一个四英亩大的农场和一位贤惠的妻子，但13年前的一场天灾，夺去了这一切。

父与子在一起时很少交谈。他们彼此十分了解和信任，他们父子只要在一起也就心满意足了。

在父子两人不多的交谈中，有一句话被再三再四地重复着。每次吃饭前，在做完祷告后，老斯乔弗都会对小斯乔弗说："付清一切债务，不欠任何人的人情，上帝保佑。"

他们父子俩常常宁愿挨饿，也不到乡村商店去赊购任何食物。从小斯乔弗能记事的时候开始，他们就不欠商店一分钱。而他们的邻居，家家都在商店里赊购东西。

小斯乔弗长得十分健壮，无论什么天气，他都可以和父亲一起划着自家的那条小渔船，出海捕鱼。夏天，他们父子两人尽可能节省开支，因为

冬天海上冰冻封航，无法出海捕鱼。他们把鱼晒干，腌成咸鱼，一部分作为冬天的食物，另一部分则拿到乡村商店，换成现钱，用来购置日用品。

有一年春天，在经过一个相当严寒的冬季之后，灾难再次降临到老斯乔弗的头上。一天清晨，一场雪崩压垮了他们的茅屋，把他们父子两人都埋在了雪堆之下。当人们赶来，把他们从雪堆中挖出来的时候，老斯乔弗已经永远地闭上了眼睛。

人们把老斯乔弗的遗体放在一块石板上。小斯乔弗站在父亲的遗体旁，轻轻地抚摸着老父亲花白的头发，喃喃自语，但是谁也听不清他在说什么。不过，他始终都没有哭。当人们都陆续地离开后，小斯乔弗来到下面的海滩，寻找渔船。他看见那条小渔船已经支离破碎，片片船板在海水中漂荡。这时，他的脸上现出了痛苦的表情。

如果小渔船没有坏，他还可以把渔船卖掉，因为父亲的丧事要花很多的钱。这一点他知道，老斯乔弗生前经常说，一个人总得准备足够的积蓄，用做体面的丧葬费用。用教区的钱办丧事是不光彩的。

小斯乔弗坐在父亲的遗体旁，陷入了苦苦的沉思。最后，他终于想出了一个办法。于是，他站起身来，径直朝乡村商店走去。

他直接走进店里，以一个成年人的姿态问店主，他能不能和他谈谈。

“好吧，孩子，你找我有什么事吗？”店主问道。

小斯乔弗几乎就要丧失勇气，但他还是强打起精神，不紧不慢地说：“你当然知道，我们的码头要比你的码头好，是吗？”

“有人曾这样跟我说过。”店主回答道。

“好，假如我同意，今年夏天，让你使用我的码头，”小斯乔弗说，“你能给我多少钱？”

“我从你手里把码头买下来，不是更好吗？”店主问。

“不，”这孩子回答，“假如我把码头卖掉，我就连住的地方也没有了。”

“可是，你们的房子已经倒掉了呀！”

“今年夏天，我打算盖个茅屋，在那以前，我可以住在我刚刚搭起来的帐篷里。我的父亲已经去世了，渔船也没有了，所以今年夏天，我没法出海捕鱼了。因此，我想，夏天我可以把码头租给你，假如你愿意租下，给我租金的话。从我们的码头上，你们店里的人，无论什么天气，都可以外出。你没有忘记去年夏天，我们出海的时候，你们店里的人常常不得不待在屋里吧？父亲告诉我，那是因为你们的码头的地势要比我们的低。”

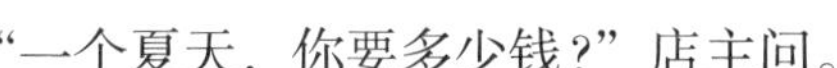

“一个夏天，你要多少钱？”店主问。

“只要够为我父亲办一个体面的丧事就行。这样我就不用花教区的钱了。”

店主站起来，向孩子伸出手。

“就这样讲定了，”店主说，“我来为你父亲办理丧事，你用不着担心。”

交易谈妥了，可小斯乔弗仍迟疑地站在原地未动。他还有没办完的事情呢。

“今年春天，你的货船什么时候靠码头？”小斯乔弗以先前那种镇定的口吻问。

“明天，或者后天。”店主回答。他的目光盯着这个小伙子，这小伙子究竟想干什么，他有点儿捉摸不透。

“你需要再雇个伙计吗？就像去年春天一样？”小斯乔弗坦率地问道。

“要，不过我要雇一个强壮的伙计。”店主说，情不自禁地笑了笑。

“能请你出来一会儿吗？”小斯乔弗说。他似乎已经做好准备，要用行动来证明自己有力气。

店主摇摇头，笑笑，跟着这孩子从店里走出来。

小斯乔弗一句话也没说，走到一块大石头跟前，弯下腰，猛地举起了这块石头。放下石头后，他转过身来，对店主说：“去年你雇的那个伙计举不动这块石头，我亲眼看见他试过好几次。”

店主笑笑，说：“如果你这样结实，我想，我是可以雇用你的。”

“你能像雇用别的伙计那样，供给膳食，给我同样的工钱吗？”

“可以。”

“太好了，这样我就不必靠救济生活了。”小斯乔弗说，仿佛如释重负。

小斯乔弗学着店主刚才的样子，把手向店主伸过去。

“再见。”他说。

“请到店里来一下。”店主说。

店主走在前头，打开去厨房的门，让小斯乔弗进去，然后他对厨娘说：“给这个小伙子拿点吃的来。”

但小斯乔弗坚决地摇了摇头。

“你不饿吗？”店主问。

“饿。”小伙子回答。他的声音有点颤抖，他早已是饥肠辘辘。但是他挺直腰杆说：“那样一来，就该是施舍了，我决不接受。”

店主想了一会儿，然后走到小伙子跟前，拍拍他的脑袋，同时向厨娘

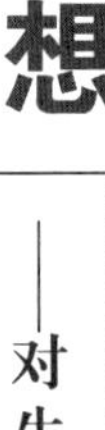

做了个手势，要她把饭菜端过来。

“客人来的时候，你一定见过你父亲招待客人，喝杯酒，或者喝杯咖啡，是吗?”

“是的。”小斯乔弗回答。

“好，我没说错吧!我们得招待我们的客人，如果客人不接受，那我们就不再是朋友了。所以你瞧，你必须跟我一同用餐，因为你是我的客人。”

“那么，我想，我就必须吃饭了。”小伙子叹口气说。

有一会儿工夫，小斯乔弗沉思着坐在那儿，然后他又平静地说：“要付清一切债务，不欠任何人的人情，上帝保佑。”

“这种立身处世的品德是与生俱来的。愿上帝保佑你。”店主摸出手帕，因为此时他已激动得掉下眼泪。

小斯乔弗诧异地注意到店主的真情流露。一时间，他静静地看着店主，然后说：“父亲从来不哭。”过了一会儿，他又说：“我自个儿也从来不哭。从我小时候起，我就从来没哭过。我看见父亲过世，我想哭，但是我怕他可能不高兴，所以我没敢哭。”

紧接着，小斯乔弗便一头扑进店主的怀里，呜呜地哭了起来。

心灵感悟

清白传家，祖德流芳。无论古今中外，无不注重以“德”传家，所谓言传身教，家教对后代的重要程度可见一斑。然而有人终身能牢记父母的教诲，有人却不曾忆起丝毫训诫。前者在面对迷失与困厄时，往往能悬崖勒马，不敢愧对父母，让父母操心。而后者却经常惹事生非，得过且过，使父母伤心。

我们感动的不仅是父子俩道德操守的高尚与执著，更感动于儿子对父亲的孝，像一个男人般承受丧父之痛，坚持单纯的原则，并聪明地让自己生存。人其实很简单——能生存，会生存，有原则地生存，高尚地生存。

两双鞋

人过五十，会有很多刻骨铭心、终身难忘的人和事。但是，当编辑约稿的那一瞬间，我脑海里最初闪现的，便是本文的题目。

我出生在南市贫民窟，一家十口全靠蹬三轮的父亲和两个做童工的姐姐维持生计。1947年，在我3岁的时候，左脚得了骨结核。当时，除了锯掉，没有别的办法。一天，父母抱着我来到英租界的“贾大夫医院”（现在的公安医院），找大夫治病。不一会儿，两位护士小姐推进来一架小车，车上豁然摆着一把银光闪闪的不锈钢锯。母亲问：“给孩子治病怎么还用锯呀？”护士说：“对，一会儿得锯他的左脚。”母亲大惊失色：“啥，锯脚？”护士说：“你还不知道啊，孩子的爸爸已经签过字了。”说着就要抱我往手术床上放。母亲一把推开护士的手，抱着我就往门外跑。护士赶忙拦住：“这种病的感染是控制不住的，现在只是锯脚，往上就得锯腿，再往上这孩子就没命啦！”性情豪爽的母亲斩钉截铁地说：“我这儿子，从小就好胜要强，锯掉一只脚，还不如让他死在我怀里呢！”跑遍了天津大小医院，反反复复地开刀刮骨治了5年，我虽没死，病却越来越厉害。此时刚刚40出头的母亲，已然是银发满头、深纹刻面了，即使如此，她也从来没动摇过给我治好脚的信心。

到了读书的年龄，母亲每天背着我去学校，她老人家虽然身高体壮，却是缠过小脚的，学校虽然离家不远，路上也总要气喘吁吁地歇上四五次。班里同学知道了，便轮流来背我。这时，有个叫王文祥的同学说：“你们都别管，我背！”因为家境贫寒，王文祥15岁才上小学一年级，是班里的老大哥。后来我才知道，他每天天不亮就起身，先到八星台一带钓鱼，把钓来的鱼拿到鱼市上卖完后，回家把钱交给妈妈买棒子面，然后再跑步背我上学。他一天不卖鱼，全家就要挨饿。因此每次来背我时，我总是看到他后脖子上挂满了细碎的汗珠儿。一次我问他：“你这么爱出汗哪？”他笑笑说：“毛病，从小养成的毛病！”就这样，不管刮风下雨，还是严冬酷暑，他整整背了我三年。这时候，从“贾大夫医院”传来消息，说有一种叫青链霉素的进口药，能治骨结核，但要2袋白面一针，必须连打10针才能根治。20袋白面！我的天！那时候的我们家，每年三十夜才能吃上一顿白面饺子，哪里去弄这天文数字的钱？母亲高门亮嗓地说：“愁什么？没有过不去的火焰山！没钱，借！借不来，卖房子卖地！房子地卖不出钱，我就带你们去要饭！就是砸锅卖铁也要给孩子治脚！”

不久，我的脚病果然被青链霉素治好了，可是母亲还是放心不下，时时担心我的脚病复发。中学时我喜欢踢足球，母亲说：“用那只好脚踢，别

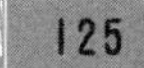

把病脚踢坏了。"奇怪的是，我的左脚技术特别好，传球到位，射门也准。后来我考上了北京的解放军艺术学院，寒暑假回天津，母亲见面的第一句话总是问："脚没事吧？"毕业后我被分配到酒泉卫星发射基地，每封家信都少不了嘱咐我："西北的天气冷，别把脚冻坏了。"最有意思的是，我刚转业到天津人艺，在话剧《九·一三事件》中扮演林彪，剧中有一场戏："林彪"在下场之前绊了一跤，旁边的"吴法宪"连忙趋前搀扶，以表现这位空军司令讨好副统帅的奴才相。母亲看罢演出，回家就问我："脚疼啦？"我笑着说："那是导演安排的动作！"母亲听后哈哈大笑。

背我上学的王大哥，早已和我失去了联系。四年前的一天，我突然接到小学同学的电话："在电视里看了你写的《蛐蛐四爷》到台湾演出，才知道你在人艺当院长，我们大家都想见见你呢！"我立即说："到我家来，我请你们吃饭。能联系上王文祥吗？"同学说："试试吧。"聚会那天，久违的王大哥果然来了！一见面我就热情地抱住他："王大哥，小时候你一边钓鱼卖，一边还背我上了三年的学……"王大哥一脸茫然："钓鱼换棒子面我忘不了，可我怎么不记得背你上过学呢？"

分别时，我送给王大哥一双皮鞋："三年，磨坏了你多少双鞋，算是老弟的一点补偿吧！"王大哥开心地笑了："今天我也给你带来一双鞋，不是皮鞋，是运动鞋。小时候你的脚不是打石膏，就是缠着白纱布，不记得你穿过鞋，给你这双鞋，是希望你事业步步登高，还希望你锻炼身体，长命百岁！"我的泪水终于控制不住地从眼角滚落下来……

心灵感悟

人的一生，从出生的那天起，就接受着他人的帮助。也许给予你帮助的人未曾想过得到你的报答，但至少你应怀有一颗感恩的心，让这颗心不断提醒你，当你得到的同时想着去付出。只有这样，心灵的天秤才会平衡。

作弊的代价

也许，在这个世界上的其他地方同样也有威信极高而能使所有学生都

敬畏如神仙的老师，但肯定不会有哪位老师会像在我们镇上待了30多年的弗洛斯特女士那样，差不多成了全镇老少的严师，让大家都服膺于心。

我不知道她是如何走进众人的心底的，至于我，那是因为一次难忘的体罚：挨板子。

那是一次数学考试。试前，弗洛斯特女士照例从墙上把那块著名的松木板子取下来，比试着对我们说："我们的教育以诚实为宗旨。我决不允许任何人在这里自欺欺人，虚度时日。这既浪费你们的时间，也浪费我的时间，而我早已年纪不轻了，奉陪不起。好吧，下面就开始考试，"说着，她就在那张宽大的橡木办公桌后坐了下来，拿起一本书，径自翻了起来。

我勉强做了一半，就被卡住了，任凭绞尽脑汁也无济于事。于是，我顾不得弗洛斯特女士的禁令，暗暗向好友伊丽莎白打了招呼。果然，伊丽莎白传来了一张写满答案的字条。我赶紧向讲台望了一眼——还好，她正读得入神，对我们的小动作毫无察觉。我赶紧把答案抄上了试卷。

这次作弊的代价首先是一个漫长难熬的周末。晚上，又翻来覆去难以入眠，才迷糊过去，又被噩梦惊醒——连卧室墙上那些歌星舞星们的画像似乎都变成了弗洛斯特女士，真让我心惊肉跳！早就听人说过，教室里一只蚂蚁的爬动也逃不过弗洛斯特女士的眼睛，这么说，她现在只是故意装聋作哑罢了。思前想后，我打定主意，和伊丽莎白一起去自首。

周一下午，我们战战兢兢地站到了老师身边："我们知道错了，我们以后永远不做这种事了，就是……"（没说出口的是"请您宽恕！"）

"姑娘们，你们能主动来认错，我很高兴。这需要勇气，也表明你们的向善之心。不过，大错既然铸成，你们必须承受后果，否则，你们不会真正记住！"说着，弗洛斯特女士拿起我们的试卷，撕了，扔进废纸篓。"考试作零分计，而且——"

看到她拿起松木板子，我们都惊恐得难以自持，连话也说不囫囵了。

她吩咐我们分别站在大办公桌的两头，我们面面相觑，从对方的脸上看到自己的窘态。"现在你们都伏在自己身边的椅背上——把眼睛闭上，那不是什么好看的戏。"她说。

我抖抖索索地在椅背上伏下身子。听人说，人越是紧张就越会感受到痛苦，老师会先惩罚谁呢？

"啪"的一声，宣告了惩罚的开始。看来，老师决定先对付伊丽莎白了。我尽管自己没挨揍，眼泪却上来了："伊丽莎白是因为我才受苦的！"

接着，传来了伊丽莎白的呜咽。

“啪”打的又是伊丽莎白，我不敢睁开眼睛，只是加入了大声哭叫的行列。“啪”伊丽莎白又挨了一下——她一定受不了啦！我终于鼓起了勇气：“请您别打了，别打伊丽莎白了！您还是来打我吧，是我的错！——伊丽莎白，你怎么了？”

几乎在同时，我们都睁开了眼睛，越过办公桌，可怜兮兮地对望了一下，想不到，伊丽莎白竟然红着脸说：“你说什么？是你在挨揍呀！”

怎么？疑惑中，我们看老师正用那木板狠狠地在装了垫子的座椅上抽了一板：“啪”。哦，原来如此！

这便是我们看到的“体罚”，并无肌肤之痛，却记忆至深。在弗洛斯特女士任教的几十年中，这样的体罚究竟发生了多少回？我无从得知。因为有幸受过这种板子的学生大约多半会像我们一样：在成为弗洛斯特女士的崇拜者的同时，独享这一份秘密。

心灵感悟

弗洛斯特女士不仅有双明察秋毫的眼，更重要的是有一颗善良慈母般的心。她对学生的爱，胜过严父慈母，对学生的道德品质的教育，让学生铭记终生。能享受她的这份爱，便是自己人生中的一大财富。

照片·眼泪·鞋

莱勒镇是一个典型的德国北方小城镇。我在镇里小住期间几乎每天都想看看坐落在小街丁字路口北侧的那间修鞋店。

这间修鞋店门面不大，在该店临街的正方形大窗户下，有一个用红白大理石修建的专为非洲捐鞋的“捐鞋台”。台子四周有一圈精美秀丽的白石栏柱，每个栏柱顶端都有一颗心形石雕，台上四个柱子擎起一个呈穹隆形的镀金石顶棚，看上去很像一个小巧玲珑的凉亭。

几乎每天，捐鞋台上都摆放着各种各样的鞋，这些鞋从外表看非常干净，同新鞋没有什么两样。一位德国朋友告诉我，大部分鞋是七八成新的，只是样式过时或是过了季节，还有些人将坏了一点儿的鞋先拿到修鞋店去修整，然后做些技术处理，如打鞋油、喷香水、换条新鞋带等。

一天我又到小街散步，走进了修鞋店。店内正面墙上悬挂的一幅黑白大照片赫然映入眼帘：一个瘦骨嶙峋的黑人躺在杂草丛生的公路旁，两手抱着流血的双脚，痛苦万状的表情震撼人心。“请坐吧！”满头白发的弗里茨老人诧异地看着我，“不是修鞋吧？”他问道。我正感到尴尬时，老人连忙说：“没关系，没关系！请坐，来我这儿参观的人远比修鞋的人多。”我这才坐在一张洁净的沙发上，仔细打量起这间修鞋店。室内窗明几净，非常现代化，绝不是我印象中的那种修鞋店。

窗前摆着一张大工作台，上面装有几台小型精密仪器。工作台后面靠墙立着一排可升降可调节的金属架子，架上放有一卷卷各种颜色和质地的皮革料子、一盘盘粗细不等的染色蜡线。工作台旁放着一个塑料转盘架子，十几个格子里放满各种型号的“钉子”，其实这种“钉子”都是一些没有尖头的金属屑。要用专用机器依靠挤压力量“钉鞋”。靠门这一侧摆了一排套有雪白罩子的沙发，每个沙发前还放有一个三阶梯的小台子，方便顾客脱鞋穿鞋。

我先从这张照片谈起，慢慢地同老人聊起来。这张照片是弗里茨于20世纪60年代在汉诺威参观一个图片展览会时看到的，他有生以来第一次在众人面前流下了眼泪。“那是一个日耳曼男人的眼泪，绝不是轻易流淌的。”弗里茨反复强调。后来他设法从拍摄该照片的德国通讯社记者那里索取了这张照片，并从记者那里了解到许多背景情况。记者采访这个非洲国家时有70%以上的人没鞋穿，长年打赤脚，一次他们开车外出，途中遇到一位不慎刺破双脚的黑人，他抓拍了这张照片。

“这是一张获金奖的照片。我并不懂艺术，对我这个同鞋打了一辈子交道的人来说，我想的是另外一方面的事。”老人几十年的制鞋生涯使他练就了一手绝活。这张照片改变了他的人生，他萌发了向非洲捐鞋的想法，于是辞去了鞋厂主管的职务，办了修鞋店并修建了捐鞋台。弗里茨除修鞋外，还为畸形脚和特型脚定做鞋子，每天都要亲手缝制十几双鞋捐给非洲。

弗里茨的行为感动了许多人，本镇和附近城镇的人们纷纷前来捐鞋，后来莱勒镇修鞋店名声大振，人们从德国四面八方专程到莱勒镇捐鞋，还有不少外国游客也闻讯前来捐鞋，当地市政厅专门指定民政署抽专人协助弗里茨处理捐鞋事务。

我告别了老人，走出修鞋店，迎面碰见一对前来捐鞋的中年夫妇，只见他们打开一个大包，将5双大小不等的鞋子整齐地摆在台上，原来他们还代表3个因上学不能前来的孩子捐鞋。

在即将离开莱勒镇的一天傍晓，我又一次来到镇南小街。一会儿，弗里茨老人怀抱一摞纸盒从店里出来，他躬身向前用颤抖的手将一双双鞋分别装入不同型号的盒里。望着老人的背影，我眼前的一切变得模糊了……

心灵感悟

欧洲与非洲，隔着茫茫的地中海；白皮肤与黑皮肤，差异极大的种族生活在各自的大路上。一张来自非洲的照片，让弗里茨了解到那片陌生土地上人们的生存状态，凭一己之力开始了捐助活动。一双双来自欧洲民众的鞋，给非洲的人们巨大的支持和帮助，地域、种族的界限就这样被跨越。

为何坚强的日耳曼老人流下泪水，作者本人亦泪眼模糊？因为我们生活于共同的地球上，彼此关爱是人类基本的情感。

知了叫了

女孩的父母亲都是边防军人，生活环境艰苦，工作忙碌，就把女孩托付给城市里的爷爷奶奶。

爷爷耳朵背，奶奶嗓子不好，父母一年只有一次探亲假，还不一定有空回来，女孩在寂寞、寂静的环境里长大。

没有去过幼儿园，没有进过学前班，直接上小学，女孩的学习成绩不太好，语言表达能力格外差劲，课堂上回答老师的提问老是出错。渐渐地，女孩在老师同学面前羞于说话，不肯说话。班上的同学们都知道这个面无血色的女孩不会说话，即使说出来了也是语无伦次。

当女孩读高三时，父母来信说，将转业回到城市，一家人从此生活在一起。女孩不想让父母知道自己不会说话，况且17岁的她已长成少女，越来越渴望像别的少女一样拥有同性的、异性的朋友，一起说话唱歌，放声地笑。女孩写信恳求父母，让她转学。

女孩想换个环境改变自己，重新开始自己。

女孩的父母也望女成凤，希望女儿能够考上大学，于是托人把女孩从普通高中转到重点高中，自费。女孩带着让一切都会好起来的愿望去新校报到。

然而，第一天女孩便感到自己的愿望是快要落地的肥皂泡。女孩看到了一张放大了的熟悉面孔，一个从小学到初中都是她同桌的、淘气、爱搞恶作剧的小男生，打完了乒乓球把球踩碎不让别的同学玩，给她起外号，学她结结巴巴回答老师的提问，做怪相吓唬她，知道她的底细如同知道自己。那男孩长久地注视着她，目光直指她的心性。无望的痛苦浮在女孩脸上。

下课的时候，男孩向女孩走来，在众男生女生好奇渴望了解的目光中，女孩原本面无血色的脸顿时格外苍白。

"我小学和初中的同学，画过一幅画，名字是《知了叫了》，获过奖。"男孩把她介绍给同学们。

沐浴着同学们敬佩羡慕的目光和男孩成长着的阳光微笑，女孩的脸上升起了快乐的红晕。

女孩的学习成绩提高得很快，尝试着用短句与同学们交流。有时候，女孩话到嘴边就是说不出来，男孩会很自然地接上去；还有的时候，男孩子说话留个小小尾巴，不留痕迹地抛向女孩，给女孩接上去说完整的机会。谁也没有怀疑到这其中有什么，只有女孩和男孩你知我知。就他一个人的时候，男孩从不走近女孩，总是在离她不远的地方注视着女孩，快乐地哼着某个流行歌曲中的某一小节，吸引着女孩去回头看他，让女孩知道，他喜欢看她一次次地努力、一分分地成长，给女孩灿烂阳光般的微笑。女孩感到，世界因为有这男孩的存在而格外美丽。

很快，女孩就能够用自然流利的短句与同学们进行交流。但她还是没有勇气说长句，担心自己语无伦次。

一天下午自习课，同学们的眼睛、脑袋和心思都削个尖钻进课本里，为高考成功做最后的冲刺。这时候，教室外安静明亮的天空突然间暗下来，紧接着急风如弓密雨如箭，射在教室的窗户上劈里啪啦地响。这时候，曾在寂静的世界里和小鸟做朋友的女孩忽然间听到一个熟悉的声音，这声音是那么那么的弱小，几乎淹没在张狂的风雨声中。那是一只被称之为麻雀

的小鸟，用尖尖小小的嘴巴急急敲打教室的玻璃窗，柔弱的身躯被雨箭射得直打晃。女孩想都没想，跳起来冲到窗前，开窗放小鸟进教室避风躲雨。不顾一切的慌慌张张中，女孩碰倒了男孩的墨水瓶，落到地上摔个粉碎，开窗后斜倾进来的雨打湿了座位靠窗的女生的课本，女生本能地尖叫起来。全体同学齐刷刷地把眼睛、脑袋和心思从课本里拔出来，朝女孩这边看。

众目睽睽，女孩语无伦次："雨——风——小鸟——"女孩焦虑的目光在一片莫名其妙的惊讶目光中寻找，终于终于，女孩捕捉到她渴望、她需要看到的赞许和鼓励。只是一点，但已足够。

"小鸟的家被风雨打坏了，小鸟没地方躲风避雨，小鸟需要帮助。"女孩说出了她从前不能够说出她现在渴望说出的长句。她把自己干净的课本递给窗边的女生："真对不起，你用我的好了。"

窗边的女生微微笑，绝对真诚地说："不用，课本过会儿就干，还能用。我没看见窗外的小鸟，看见了也会开窗。"

女孩回过头，去看那赞许和鼓励来自的地方，看男孩把碎了的墨水瓶收拾掉，把洒一地的墨汁用拖布擦净。

放学的时候已是雨过天晴，女孩出了教室有意走慢，等着男孩，女孩对男孩有话要说。看着男孩向自己走来，女孩又不知道怎么说，说什么，万语千言化作三个字："谢谢你。"

"这话该我说。"男孩微微地笑着，就如灿烂的阳光。"为什么？""你使我学会了友爱和善良。"好多好多的话从女孩心里涌出，女孩说了好些好些的话，没有一句话语无伦次。

心灵感悟

什么叫爱心传递？爱心传递就是当别人处在困境时，能伸出你的援助之手拉一把；哪怕是一句鼓励或者一句安慰的话，都能给人以战胜困难的勇气和信心。文中男孩对女孩的"微笑"、"赞许和鼓励"就是爱心传递。因为有了爱心传递，所以"学习成绩不太好，语言表达能力格外差劲"、语无伦次的女孩，有了生活的信心，有了战胜语言困难的勇气，因而当"好多好多的话从女孩心里涌出，没有一句话语无伦次"——"知了叫了"，让我们都来做一个"爱心传递者"。

另一种财富

我从小是在贫穷中长大的，当我还不懂得什么叫贫穷的时候，我首先懂得了耻辱。

我的父母是属于那种勤劳朴实却死板木讷的人。他们有一身的力气，但我们的时代已不是一个靠力气就能过上好日子的时代了。别人谈笑之间挣来的钱，是我父母辛劳一生也望尘莫及的。聊可安慰的是，他们拼命干一天所挣的钱，我们一家三口能吃饱穿暖。作为独生女，我也能得到父母最大的爱。尽管这爱的表现方式不是肯德基，不是麦当劳，不是苹果牌牛仔服，不是我叫不出名字来的各种名牌文具，但我在父母的庇护下也有了一个平静和谐的童年。

父亲对我的爱最直接，也最简单。父亲是蹬三轮车的，于是他每天蹬车送我上学。他弯起宽厚的后背努力蹬着车，有时还和我开个玩笑："你看爸爸能到几迈了？"特别是在雨天、雪天里，我总能干干净净、暖暖和和地来到学校。而到了放学时分，父亲又早早地等在校门口，令不知道底细的同学羡慕不已，他们说你爸妈真疼你，天天雇车送你上下学。同学的话一下子提醒了我，如果让他们知道送我上学的不是家里雇的，而是我的亲生父亲，他们又该做何议论呢？我一下子被一种可能到来的强烈的耻辱感击垮了，我做了一生中最让我忏悔的事，我默认了同学的误解。

父亲不知道我的心理，他不但蹬车送我上学，还时常在我下车之后，在校门口，再撵上来嘱咐几句让我注意的话。有一次，这情景被一个同学看见了，她疑惑地问，那蹬三轮的怎么和你那么亲啊？我害怕了，从此说什么也不让父亲送到校门口，远远地，在一个胡同里，我就让父亲停下来，然后四顾无人，提前悄悄地下了车。

父亲一开始没明白，依然坚持送我到校门口，可忽然有一天他似乎明白了点什么，于是再也不坚持了，我们父女心照不宣地达成了默契。放学时来接我的父亲，再也不像以前那样在校门口翘首企盼了，他躲在那个胡同，等着我的到来。有一天下大雨，我跑到父亲那儿的时候，全身已经淋得透透湿了。浑身也同样湿透的父亲，却紧紧地抱起我，我看见他眼中的泪水和着雨水顺着他的脸流了下来。

到我上大学的时候，母亲面对学费的数额目瞪口呆，她拿出她一生的积蓄，也仅够我一个学期的费用，而且，还不包括我的生活费。我只好向学校提出了特困补助的申请。直到这时我才明白，小时候我的有关耻辱的感觉，比较起此时来，简直就像是毛毛雨了。

上学不几天，全班同学都知道了我是特困生。因为我的宿舍被安排在老楼里，那儿的住宿费要便宜多了。他们对我感到很好奇，对于许多同学来说，贫困和撒哈拉大沙漠一样距他们的生活太遥远。因为与众不同，我成了他们着重注意的人。这是我后来才发现的。他们用充满好奇和怜悯的眼光看我，上学一年多的时间里，我穿的也还是家里带来的衣服，穿着那些衣服走在到处是青春靓丽时尚流行的校园里，前后左右扫射过来的惊异的目光，让我如万箭穿心。

于是，图书馆成了我最常去的地方。我常常找个不易被人注意的旮旯，狼吞虎咽地噎进去一个没有菜的馒头，好一点的是一根麻花，最好时是两个包子，并注意不被人看到我的窘态。剩下的时间，我用读书来冲淡一个朋友也没有的孤独。书是不挑人的，它一视同仁地对待每一个打开它的人们。

但有一个奢侈的行为我却一直没肯放弃，这就是每月一次和中学几个好朋友在网上聊天，它给了我孤独的大学生活一个极大的安慰。每到这个日子，我都极早跑到学校附近的一个网吧，占好位置，迫不及待地打开我的QQ，寻找想念已久的老同学。

有一次我在网吧遇上了一个同班同学，他当时吃惊的样子让我以为自己出了什么大毛病。我检省了一下自己，没发现什么，便把这件事忘记了。

我度过自己在大学里的第一个生日时，也是一个人，但那天我让自己又奢侈了一回，我第一次买了一份红烧肉，我也第一次大大方方地端着盘子和同学们坐在了一起。

当时在座的有两个我的同班同学，我至今清晰地记着他们那双吃惊的眼睛，那眼睛像不认识我似的反复打量，直到我将盘子里的菜吃得干干净净。

后来就到了让我终生难忘的那个耻辱的日子。

那是一次团会活动，大家讨论帮助特困学生的事。有同学当时就提出了自己的看法，他们说，特困生应该得到我们的帮助，可我们班有的特困生还上网吧，有人补充道，我看见我们班的特困生吃了红烧肉……

同学们把眼光射向了我。

我已经无地自容。

从小到大，我只知道贫穷是一个物质的概念，但到了大学，我才发现，贫穷更大程度上是对人的精神折磨。我可以忍受没有菜的干馒头，可以忍受落后于时代的出土文物似的旧衣服，我无法忍受的是这种被打入另类的感觉。我不明白，因为贫穷，人就连寻找自己快乐的权利也没有了吗？为自己过一个生日难道就是犯罪吗？如果当初我知道我会在这样一种境况下度过我的大学生涯，我不知道还会不会有拼命学习的毅力。大学让我知道了贫富之间的巨大差距，它给我带来的那种耻辱的感觉，比贫困对人的折磨要强大得多。

当帮助已经变成了一种施舍，我宁愿不要。

就在那一瞬间，我忽然醒悟到许多年来我对父亲的不公。我当年剥夺他对我表示爱的权利，其实也只是因为他穷，我也曾一样的残酷。我给了自己父亲耻辱，我也必须承受别人带给我的耻辱。

我在承受这种现实还是选择退学之间犹豫了很久。

我想起了父亲宽厚的后背，高考最热的那几天，父亲不顾我的反对，执拗地坚持送我上考场，因为我被分到了离家最远的地方。父亲已经在不知不觉中老了，他努力想蹬快一些，却总是力不从心。七月的骄阳下，汗水在他裸露的后背上淌出了一道道小沟。而我当时却坐在有着遮阳篷的车座中。我想起了当时自己的决心——爸妈，你们放心吧，我一定给你们带来期盼中的快乐。

我一想到父亲的后背，想起母亲接到我的录取通知书时眉开眼笑，到处奔走相告的情景，我忽然感到，即使面对的是这样一种现实，我也无权选择放弃。贫穷本身不是罪过，因贫穷而放弃了自己生存的尊严，这才是罪过。就是在那一瞬间，我从多年压抑着我的耻辱感中解放出来，生活忽然在我面前明亮起来。

第二天是写作课，我知道老师布置的作业是感受你生活中的爱。许多同学充满激情地念起了自己的作文，他们感激父母为他们带来的幸福、丰裕和富足的家庭，从小到大为他们创造的条件，包括高考期间，每天换样的吃饭，包宾馆房间，为了使他们更好地休息……老师沉静地听着，默不作声，直到最后，才巡视了一圈，失望地问：“还有没有同学要说了？”

我稳稳地举起了手。

我讲了父亲的后背，冬天落在上面的雪和夏天淌在上面的汗；我讲了从小看到母亲为我攒钱的情景，每凑够一个整数，她就信心百倍地朝下一个数字努力。我讲小时候吃苹果，父母把苹果细细地削掉了皮，一口一口地喂给我吃，而削下来的苹果皮，他们俩却推来推去地谦让着，谁也舍不得吃。最后，母亲又用它给我煮了苹果水……

我说我很庆幸，贫穷可能让我们生活得更艰难些，但它却不能剥夺我们爱的权利；我感谢父母，虽然不能给我那种富裕，但却让我有机会细细地品尝到了容易被富足冲淡或代替了的爱。

我为小时候对父亲的伤害而忏悔，我一定会向他当面道歉的，尽管我明白得晚了些……

从这时候起，曾经有过的耻辱成了我人生的一笔财富。从耻辱感中走出来，我可以用一种正常而不是自卑的心态与同学们相处了。留在我身上的目光虽然特异，但也不让我感到难受了。我能够大大方方地在食堂的餐桌上平静地享用哪怕只有一个馒头的午饭；我在众目睽睽之下把我拾到的回收物品送到回收站。

我承包了我所住的宿舍楼的卫生清洁工作。我做家教、搞促销，在不影响学习的前提下，做我所能做的一切。我要尽自己最大的努力，完成大学学业。

在那一个假期到来的时候，我给父母写了一封信，我详详细细地告诉了他们我准确的到家时间，并提出了我的要求，我让父亲一定蹬着他的三轮车去接我，我要伏在他已经弯曲的后背上，告诉他我经历过的这一切一切……

贫穷不是耻辱，放弃尊严才是真正的耻辱。我从耻辱中走出来，也走出了贫穷。耻辱成了我人生的另一笔财富。

心灵感悟

在贫穷的阴影下生活了多年的“我”，当面对孤独和耻辱之时，才忽然发现自己曾经给父亲造成了多么残酷的伤害。所幸此时的“我”明白了一个深刻的道理：贫穷本身不是一种耻辱，丧失尊严才是真正的耻辱。这给了“我”正视贫困和嘲笑的勇气，使“我”重新抬头挺胸地做人的机会。

贫穷不能使人在物质生活方面得到多大的满足，但并没有剥夺人享受爱的权利。相反，贫穷环境下的父母对子女的爱更深刻、更细致入微。在物欲横流的时代，对爱的理解和感恩，才是人生最大的财富。

为怨恨的心灵寻找解脱

曼德拉因为领导反对白人种族隔离的政策而入狱，白人统治者把他关在荒凉的大西洋小岛罗本岛上27年。当时曼德拉年事已高，但白人统治者依然像对待年轻犯人一样对他进行虐待。

罗本岛上布满岩石，到处是海豹、蛇和其他动物。曼德拉被关在总集中营的一个“锌皮房”中，白天打石头，将采石场的大石块碎成石料。他有时要下到冰冷的海水里捞海带，有时干采石灰的活儿——每天早晨排队到采石场，然后被解开脚镣，在一个很大的石灰石场里，用尖镐和铁锹挖石灰石。

因为曼德拉是要犯，看管他的看守就有3人。他们对他并不友好，总是寻找各种理由虐待他。

谁也没有想到，1991年曼德拉出狱后竟当选了总统，他在就职典礼上的一个举动震惊了整个世界。

总统就职仪式开始后，曼德拉起身致辞，欢迎来宾。他依次介绍了来自世界各国的政要，然后他说，能接待这么多尊贵的客人，他深感荣幸，但他最高兴的是，当初在罗本岛监狱看守他的3名狱警也能到场。随即他邀请他们起身，并把他们介绍给大家。

曼德拉的博大胸襟和宽容精神，令那些残酷虐待了他27年的白人汗颜，也让所有到场的人肃然起敬。

看着年迈的曼德拉缓缓站起，恭敬地向3个曾看守他的狱警致敬，在场的所有来宾以至整个世界，都静了下来。

后来，曼德拉向朋友们解释说，自己年轻时性子很急，脾气暴躁，正是狱中的生活使他学会了控制情绪，因此才活了下来。牢狱岁月给了他激励，使他学会了如何处理自己遭遇的痛苦。他说，感恩与宽容常常源自痛苦与磨难，必须通过极强的毅力来训练。

获释当天，他的心情平静：“当我迈过通往自由的监狱大门时，我已经清楚，自己若不能把悲痛与怨恨留在身后，那么我其实仍在狱中。”

心灵感悟

冤冤相报何时了？我们应该用宽容的心去对待别人，给他人以自我反省的机会，也给自己修炼身心的时间，化干戈为玉帛。如果心里充满了对别人的仇恨，不但使别人生活于痛苦之中，自己的心灵更无法得到解脱。

检察官和朋友

这是一名检察官讲述的故事：

我和张君是高中同学，大学毕业后，他分到银行，而我则进了检察院。

我们是很要好的朋友。

要好的朋友是不在乎谁付出多少的。那时候，我们相互帮助，相互鼓励，在一个陌生城市里快乐地生活着。后来，我们都结婚了，更巧的是，我们的爱人都是白衣天使。他打趣说，你和我的心是相连的，不成朋友都难。

要不是他一时的冲动，这种友情会持续下去，我想一定会天荒地老。

他为了买处上等的房子，挪用公款8万元……

反贪局调查他的时候，他说的第一句就是："我的朋友在检察院。"这个朋友就是我，可我无能为力。法律对于朋友是无情的。

他的爱人多次找到我。看她那痛哭流涕的样子，我很伤心，毕竟他们结婚还不到3年，刚有了个小男孩。我只好反复做她的工作。最后她说："这是我们第一次求你，你给个明白话儿吧。"我坚决地说："这事我帮不上忙。"她擦干眼泪，冷冷地说："朋友有什么用！"那语调里是对"朋友"这字眼的绝望。那以后，她没来过我们家。

我偶尔去监狱看他，他拒绝了我的探视。他只是传话说："朋友有什么用。"

我希望通过时间来填补法律的无情。每年的节日，我都会和爱人去探监，去看望他的爱人，尽管要遭受冷落。终于有一天，他无奈地说："算了，朋友本来就没有什么用的。"其实，我从骨子里了解他，在他内心深处是不愿失去我这个朋友的，正像我不愿失去他一样。

等他出狱那天，我和爱人都去接他。他的爱人一路上都在偷偷流泪。我说："上我家吧。"他没有拒绝，也没有答应，随我上了回家的的士。那天，他喝得大醉。他问我："朋友有什么用呢？"我笑着说："没有什么用，朋友本来就是没用的。"他说："我不怨你。"我笑了，笑里面掺杂着泪水。

不久，他和他的爱人离开了这个本来就陌生的城市，去了另一个陌生的城市。我们很少再见面，偶尔有书信往来，都是些客套的话。他说，他和爱人都找到了一份还算可以的工作，孩子上了一所不错的小学，我们不必牵挂。那以后，我们彼此为了各自的工作不停地忙碌着，但那份情感是无法忘却的，有时候反而更浓。

前年，我生日那天，他寄来一封信，祝我生日快乐。信中夹着一朵风干了的牵牛花。

他在信中说："你还记得吗？在校外的田野里，我们常常去摘牵牛花的，它象征平淡无奇的感情，早上花开，很快就凋谢了，我们的友情虽然平淡，可是无法凋谢。"我和妻子在烛光中读着这封信，泪流满面。

去年的国庆节，我们相约去爬泰山。在一个偌大的水库前驻足。那清澈的水里，一条条自由自在的鱼结伴而游。我们相视一笑，我们多像那一条条游着的鱼，只要能够结伴就行了，这也许就是朋友的要义了。

友谊是建立在互相信赖的基础之上的，与朋友相处，全靠信任，这不是纵容，也不是虚幻的设想，而是去体谅对方、信赖对方。友情对于信赖的需要，犹如鱼需要水，才能结伴而行。

友谊可以融化金牌

1936年柏林奥运会上最有希望夺得跳远金牌的是美国黑人选手杰西·欧文斯。他是当时的一位田径天才，1年前，他曾跳出8．13米的好成绩。

预赛开始后，一位名叫卢茨·朗格的德国选手第一跳就跳出了8米的不俗成绩。

卢茨·朗格的出色发挥使欧文斯很紧张——这次比赛对他有着非同寻常的意义，当时，希特勒的“雅利安人种优越论”甚嚣尘上，欧文斯太想用成绩证明这是谬论了！

可能是紧张过度，第一次试跳，欧文斯的脚超过了起跳板几厘米，被判无效。

第二次试跳还是如此。如果第三次仍然失败，他将不得不被淘汰出局，而无缘真正的决赛。

可欧文斯显然还是无法使自己平静下来：只要欧文斯被淘汰，可以说决赛中冠军就非卢茨·朗格莫属了。

可卢茨·朗格放弃了金牌，他选择的是友谊——他走上来，拍了拍欧文斯的肩膀说：“你闭上眼睛都能跳进决赛。你只需跳7．15米就能通过预选，既然这样，你就根本用不着踩上跳板再起跳——你为什么不在离跳板还有几厘米的地方做个记号，而在记号处就开始起跳——这样，你无论如何也不会踩线了。”

欧文斯恍然大悟，按照卢茨·朗格的话做了，轻松进了决赛。在决赛中，他发挥出了应有的水平，夺得冠军。夺冠后第一个上来向他祝贺的是卢茨·朗格。

后来，欧文斯在他的传记中深情地写道：“把我所有的奖牌熔掉，也不能制造我对卢茨·朗格的纯金友谊。而在我熔掉奖牌之前，卢茨·朗格在心中早已把他的金牌熔掉了。”

心灵感悟

生活有时犹如比赛，目的就像挂在远处的金牌，不断吸引着我们的注意力，使我们无暇顾及路边的风景。而这，往往使我们疲于奔命，正如在终点处悬挂着金牌的赛场上奔命一样。但是你没有发现比金牌更重要的东西吗？

照亮一生的明灯

男孩和女孩结婚了，家里穷得只有一张床，但是女人省吃俭用买了一盏灯，男人很不解，女人笑笑：“这盏灯是为你买的。”他也笑了。

渐渐地，日子好过了。两人搬到了新居，她却不舍得扔掉那盏灯，小心地用纸包好，收藏起来。

20世纪90年代，男人辞职下海，有了钱，还有了婚外情。他开始以各种借口外出，后来干脆无须解释就夜不归宿了。她劝他，以各种方式挽留他，均无济于事。

到了男人生日的那一天，妻子告诉他无论如何也要回家过生日。他答应着，却想起漂亮情人的要求。犹豫之后他决定去情人处过生日后再回家过一次。

情人的生日礼物是一条精致的皮带。他随手放到一边，这东西他早已拥有太多。午夜12点他才想起妻子的叮嘱，急忙匆匆赶回家中。

远远看见寂静黑暗的楼房里有一处明亮如白昼，正是自己的家，一种遥远而亲切的感觉在心中升起。太太就是这样夜夜亮着灯等他归来的。

推开门，太太正泪流满面地坐在丰盛的餐桌旁，没有丝毫倦意。见他归来，她不喜不怒，只说：“菜凉了，我再去热一下。”

当一切准备就绪之后，太太拿出一个纸盒送给他。男人打开，是一盏精致的灯。女人流着泪说：“那时候家里穷，我买一盏好灯是为了照亮你回家的路；现在我送你一盏灯是想告诉你，我希望你仍然是我心目中的明灯，可以一直照亮我的后半生。”

男人终于回心转意，最终回到了女人的身边。

心灵感悟

爱是一盏灯，不管它是否能照亮一个人的前程，但它一定能照亮一个男人一生的路。因为这灯光是一个女人用一生的爱点燃的。

深夜送来的饭菜

男孩家里很穷，但父亲为了让他出人头地，砸锅卖铁也要供他上学。可男孩却不珍惜父亲所给予的。

周末到了，儿子打电话给父亲，谎称要准备考试，周末不回家了，要

在寝室里抓紧复习功课。

父亲很高兴听到儿子这样说。考虑到复习迎考消耗较大，为了给孩子"补营养"，那天父亲在家里特意烧了好多菜，然后换乘了好几趟公交车，花了3个多小时，汗流浃背地赶往学校。可此刻，儿子在寝室里玩兴正浓，与几个同学正在"哗哗"地搓着麻将。

突然，传来一阵轻轻的敲门声，他们手忙脚乱地把麻将藏起来，然后慢腾腾地开门。

打开房门，儿子看到父亲正气喘吁吁地站在自己的面前，父亲那微抖的手里拎着一大包东西。"爸，你怎么来了？"儿子惊奇地问道。父亲微微一笑："听说你马上要大考了，我怕你营养跟不上，炒了几个菜，给你送来。我不进屋打扰你们了，你就自己拿进去吧，趁菜还有点热，你先吃点儿，我走了。"

父亲说完，转身消失在寝室外面的黑暗之中。

儿子久久地站立在那里，眼眶里的热泪禁不住淌了下来。他被父爱震撼了，觉得自己有愧于父亲，竟用谎言来蒙骗那样爱他疼他的父亲。他醒悟了，感到绝不能再这样稀里糊涂地混日子，绝不能辜负父亲。这位儿子还是挺争气的，后来他如愿以偿地考上了重点大学。

心灵感悟

父爱如山，高大而巍峨，让人望而生畏不敢攀登；父爱如天，粗矿而深远，让人仰而心怜不敢长啸；父爱如河，细长而渊源，让人不敢涉足。父爱是苦涩的，然而父爱又是深邃的、伟大的、纯洁而不可回报的。

给你一杯白开水

或许是贫穷之故，总没有一个女孩喜欢我。但我并不在乎，反正还未到恋爱的季节。

上大一时，才尝到贫穷的味儿。天天都吃青菜白饭，而又受到意外的沉重打击，在各方面都很失意。空虚脆弱的生命就这样徘徊于岁月的边缘。意料之外，天上却掉下个"林妹妹"——一个叫文的长着一双大眼睛的美丽女孩。在校园小道上给我甜甜的笑，在宿舍里给我甜甜的“糖水”。文常常给我帮助，给我鼓励和信心，并用殷切的关注，为我擦拭生命中的脉脉清泪。在我心灵的溪水中流淌着灿烂如花的笑容，倒映着她清纯的影子。于是，在我荒芜的诗行中悄悄地种下了思念的种子，于风里来雨里去的岁月里，吐出了片片嫩绿的小叶。

情感的风筝在灵魂深处飞来飞去，空虚脆弱的心在午夜徘徊成一首首难眠的诗，使我柔肠百结。无数次的迷惘和痛苦之后，我终于鼓起了最大的勇气，给她冲了一杯甜甜的糖水。

“因男孩的特别感觉而误认为我以往给你的开水为糖水，所以你也给我糖水，是吗?”她淡淡地说，“我只要白开水，不需要加糖!”我却仰起脖子一饮而尽。她吃惊地瞪大眼睛，喊道:“我们都只要白开水!无意看轻谁，更不想伤害谁，你何苦折磨自己呢?”我的心纷纷扬扬成零碎的雪花，悄悄地飘落……

当我平静下来时，真诚地给她倒一杯白开水，可她因怀疑我暗暗加糖而拒绝。她望着这杯开水说:“我本以为你很优秀、很优秀，在此之前你在我心中是完美的，想不到你却如此令我失望。”我泪如泉涌。我错了，这本是很美的友情，我却错把它当做爱情而使彼此的友谊变得庸俗。

友情是一泓清泉，请不要乱投石子搅浑它。有些东西不能跨越而盲目跨越，只能使我们陷于污泥之中不能自拔。受伤的情感如一道伤口，纵使愈合，依然留下伤疤。不小心的时候，触它总有一阵朦朦胧胧的痛，使我们的友谊多了负疚少了圣洁。友情如一杯纯净的水，加进了爱情的方糖，虽甜，但总不如原先纯净。

爱情是一粒种子，让它埋于心灵深处，它自有它的美丽，或许它会悄悄生根发芽的;如果你把它当做果实，它不再会有漫长的历程和永恒的美丽!

文，爱情的创伤我可以抚平，失去你的友谊我却承受不了。请让我给你一杯白开水，绝对不加糖的，好吗?

心灵感悟

在“文”那里，她送给男孩的只是君子之交淡如水的友谊，而男孩却将它误会成加了糖的爱情，原因或许是男孩的感觉敏锐，男孩的心比

"文"更渴望爱情吧。这是一篇男孩的自白，他珍视来自"文"的友情，即使那不是爱情。所以在双方的感情远未成熟、远未水到渠成的时候，我们还是不要往开水里加糖，就让它保持白开水一样纯净的友谊状态，不是也同样可贵吗？

绝望中的理智

秃岭山上的树木越来越少，秃岭山上的猴子也快绝迹了。

快绝迹的猴子反而与人为敌。大白天，单身一人都不敢过秃岭山！饿红了眼的猴子们，见单身人提着兜儿或挑着担子过秃岭山，竟敢呼叫着跳蹦过来拦路抢劫。

山里人也是出于无奈，才绝情打死它们。

玩了一辈子火枪的黄五爷，可算是找到了"活靶子"，自从村里贴出告示要打秃岭山上的猴子，他整天扛着火枪在山上转悠，几乎是见一只，打死一只。

黄五爷枪法准，下手很残忍，见到一公一母的猴子在一起时，他总是先打死那只母猴。这样，即使公猴跑掉也无妨，他蹲在一旁藏起来，不急着去捡那只死了的母猴。

用不了多大工夫，那公猴就会来找他的同伴……要是一家老小在一起，他就先开枪打死幼猴，这道理和先打死母猴是一个道理。

这天，下雨。黄五爷在山涧的石缝里，发现一只母猴和一只幼猴，黄五爷看到它们时，那只小猴正在埋头吃奶。凭直觉，公猴只怕是早就死在他黄五爷的枪下了。

要不，这下雨天，它们是不会分开的。

但黄五爷还是向左右树上望了望，确实没见其他猴子时，他这才慢慢把枪筒瞄向了那只幼猴。

可就在这同时，那只母猴突然发现了树丛中的黄五爷和黄五爷支在树杈上的黑洞洞的枪口。

逃跑，是绝对不可能了！

绝望中的母猴，没有躲藏，也没有惊慌，它一只前爪揽住胸前的幼猴，另一只前爪抬起来，冲黄五爷摇了摇，示意黄五爷先不要开枪。

黄五爷愣住了!他知道猴子这东西有灵性，但他从来没见过面临死亡的猴子，还会像人一样同他挥手“告别”!

一时间，黄五爷扣紧了的扳机静止着。凭他的枪法，这两只猴子是一个也不会逃掉的!但他要看个究竟。这期间，只见那只母猴把胸前的幼猴慢慢推向一旁石窟后，冲黄五爷挥挥前爪，示意黄五爷冲它胸膛开枪……

当下，黄五爷手软了!

他愣愣地看着那猴，顷刻间，他心里的某个地方触动了。他慢慢地收回枪，直到他返回到山下，他才冲着路边的水沟，“嗵”的一声，放掉了那枪火药。

此后，黄五爷再不打猴。

奇怪的是，秃岭山上仅剩的几只猴子，也不再与人为敌了。

心灵感悟

动物和人类最大的区别就是人可以用语言来表达感情，而动物不能，但他们的爱也是最淳朴的、伟大的。母亲同样可以为了孩子去牺牲自己的所有，甚至生命，我们为有这样的母爱而感动。

你必须原谅他

1987年12月23日，急促的电话铃声给伊丽莎白和丈夫佛兰克带来了一生中最不幸的消息：他们18岁的独生子泰德，在下班回家的途中出了车祸。

在赶往医院的路上，夫妻俩一言不发地搂在一起，伊丽莎白浑身不住地颤抖，他们都在默默地祈祷上帝保佑他们的儿子安然无恙。

急救室里，他们的爱子泰德已失去了往日的活泼、英俊，脸上身上缠满绷带，人一动不动地躺在急救台上。医生告诉他们，泰德的伤势很重，现已处于昏迷状态。医生们尽了最大的努力，抢救了一天一夜，但是他们未能挽留住泰德年轻的生命。正值千家万户忙着准备庆贺圣诞节时，泰德停止了心跳，离开了钟爱他的父母。

警方告诉佛兰克夫妇，泰德当时根本没有可能避开碰撞。肇事者是24岁的皮盖吉，他驾驶的汽车突然越过中线，与泰德的车迎头相撞，皮盖吉只受了点轻伤。警察抓到他时，他浑身酒气，血液化验的结果显示，他血液中的酒精含量是0．28，几乎是规定含量的三倍。皮盖吉被控谋杀罪，获准以1万美元保释。

佛兰克夫妇急于知道杀害他们儿子的人的详细资料，于是在一本高中年鉴里查到他的照片。从照片上看，皮盖吉是个眉清目秀的青年，但在佛兰克夫妇眼里却像个地痞。“一个流氓!”佛兰克盯着照片恨恨地说。

一个月后，佛兰克夫妇到法院听审，得悉皮盖吉在一家酒吧做事。出事那天下班后，他喝得酩酊大醉。关于撞车的事情，他已经完全记不得了。据他母亲说，当他听到自己撞死了人，他把头伏在母亲的大腿上，呜咽着说:“老天爷，死的为什么不是我呢?”但在法庭上，他却为自己开脱罪名，他为自己辩护说，他没有犯谋杀罪。

伊丽莎白像遭了晴天霹雳似的觉得天旋地转。她反驳说:“他没有犯谋杀罪?那么是怪泰德吗?死的应该是皮盖吉，全是他的错。”出了法庭，她仇恨地对丈夫说:“如果我碰到皮盖吉在人行道上走，我一定用车轧死他。”“这样做解决不了问题。”佛兰克叹道，他认为要依靠法律治皮盖吉的罪，他说他一定要送皮盖吉上电椅。伊丽莎白说:“我要亲自按电钮，亲眼见到他痛苦地死去。”

由于法庭的判决迟迟未下，伊丽莎白受到仇恨和痛苦的折磨，她变得落落寡合，她常常伏在儿子床上，一哭就是好几个小时，在心情最恶劣的时候，伊丽莎白想到过自杀。“我怎能过没有儿子的生活，我更加不能忍受杀子的仇人逍遥法外。如果是这样，还是让我和泰德在一起吧。”她把装有子弹的手枪抵着自己的头，但最后还是把手枪放下，羞愧地痛哭起来。

又过了一个月，一个大陪审团把皮盖吉的谋杀罪减为三级过失杀人罪，而且这个案件的审讯因此而一再耽搁。伊丽莎白等待得越久，要皮盖吉一命偿一命的愿望就越强烈。她联合了许多父母进行了一次投书签名活动，反对州法院对醉酒驾驶者宽大处置。弗兰克夫妇加入了“母亲反对醉酒驾驶协会”，在协会的帮助下，他们继续努力，要求当局制定严格有效的法律。在各界的压力下，“醉酒驾驶伤害人须判以徒刑”的法规得以实施。

发生那场车祸的21个月后，皮盖吉的案子进入决定阶段。被告这时已承认了控罪，检察官要求判处被告十年徒刑，法官同意其判决，并一致赞成执行缓刑，即皮盖吉每隔一周的周末，便要在监狱里待两天，为期两年。如果两年内仍服过量酒精开车，他将入狱服刑。

宣布判决后，法院破例放映了泰德面带笑容的幻灯，皮盖吉望着照片，哽咽地说："我杀死了泰德，这是我永远内疚的事。尽管当时我喝醉了酒，尽管我当时神志不清，但是我在开车，这是我的错。法院判得太轻了，我应该被关在监狱里。我要对泰德的父母说：对不起！我这一辈也弥补不了我的罪过。"

伊丽莎白惊讶了，她预料他会找借口自辩的。一出法院大门，伊丽莎白走到皮盖吉跟前，他认出她之后，满脸的恐惧。"不要怕！"伊丽莎白说，"我不会揍你的，我很欣赏你刚才说的那番话，你承认了你的过错，这很重要。"她看见皮盖吉低着头在哭，于是伸出手抚摸安慰他。突然，她浑身一震，她闻到了酒气。"你还在酗酒？"伊丽莎白很气愤，"你想坐牢吗？""不想！"皮盖吉认真地说。他告诉伊丽莎白，他已经很长时间没喝酒了，但是每天因为内心懊悔万分，晚上难以入睡，为了缓和自己痛苦的心情和便于睡觉，他不得不又开始喝一点酒。上班下班，他低着头出入，他不想看见别人，也不愿别人瞧见他，他觉得，正如他瞧不起自己一样，人人都会鄙视他。他只好借酒消愁。伊丽莎白很同情他的处境，但她还是严厉地说："你一定要戒酒，否则你还会犯罪。"

又过了几天，伊丽莎白在皮盖吉的公寓外碰见了他，她又闻到了强烈的酒气，她觉得还得与他好好谈谈。

原来，皮盖吉16岁时，在几个不良同伴的影响下染上了酗酒，加上他父母感情不和，经常争吵打骂，使他喝得更凶。经常醉酒又使家人朋友邻居厌恶，越来越少的人愿意与他往来，他只好对酒当歌，一醉方休，因为他在清醒时无法忍受自己的内疚和羞耻。

听完他的故事，伊丽莎白说："我要帮助你，我不能让你再这样下去。"几天后，皮盖吉在服周末徒刑时，被法官下令一直押在狱中，这完全是伊丽莎白一手安排的。过了几天，她去探监，她是第一个探视他的人，她看到皮盖吉一个人坐在墙脚，一副胆怯的样子。"皮盖吉，"她说，"你知道我为什么要你待在这里吗？因为当你想请求别人原谅的时候，你一定要为这原谅付出代价，我要你彻底戒酒，否则，泰德的命便是白送了。"皮盖吉扑到伊丽莎白的怀里，像孩子一样大哭起来，边哭边问："没有人管我，你为什么关心我？"她抚着他的头说："因为我已原谅了你。放心，我会请医生为你戒酒。”

在狱中三个月的时间里，每周三次医生协助他戒酒，并进行必要的治疗。伊丽莎白经常去看他，嘘寒问暖。他终于完全戒掉了酒，完全放弃了过去的那种生活，他再度获准缓刑。由于他在酒吧出色的工作，他开始接受担任主管的训练。他几乎每天都给伊丽莎白打电话，每周陪伴佛兰克夫妇一起做礼拜。皮盖吉说：“我对现在的自己很满意，我一辈子都会感谢伊丽莎白给了我重新生活的勇气。”说这话时，挨着他身旁坐着一个很标致的姑娘，那是他刚交的女朋友。

伊丽莎白的丈夫佛兰克说：“我们所以原谅杀死我们儿子的人，是因为那样做是对的。但是我们始终不能忘记我们的不幸。我们仍然认为，惩罚越严厉，道路上醉酒驾驶的人便会越少。”伊丽莎白记得，泰德从小便善于帮助那些有困难的同伴。以前她处于深仇大恨的时候，她曾经依稀听到儿子泰德的声音：“妈妈，你必须原谅他。”伊丽莎白终于按儿子的“心愿”做了之后，她觉得自己已恢复心平气和，觉得对自己心爱的儿子有了交代。

心灵感悟

在我们受到伤害的时候，要保持冷静，尽量持宽容的态度。如果能够做到对事不对人，勇于原谅一个曾经深深刺痛自己心灵的人，这样的人就称得上是品德高尚。

往事并不如烟

12年以前，正是我的花季。

但我的花季很黯然，一点儿都不灿烂，也不浪漫。

有故事为证。

这故事是关于我、萌子和河河的。

萌子是这故事的主角。萌子是个女孩，那时她17岁。河河18岁。我17岁。

我们三个是同班同学，那一年我们面临高考，是1983年。参加高考之前是要进行筛选的，筛选上了就等于上大学有了一半的把握。我们都筛选上了，也就是说我们离跨进大学的门槛很近了。

大约是离高考不到一个月的时候，事情就出了些意外。

先搁下这故事不讲，说说萌子。

萌子是我们班最漂亮的女孩。她父母是机关里的干部，她从小在县城里长大，看上去就很有些气质。虽然那时候我们眼睛要死死地盯着书本，不看萌子，但也知道萌子走到哪里，都要吸引不少男孩子的眼神的。我和河河，从乡下考到县城念书，“十年磨一剑”，因此都有些昭然若揭要登科中举的“土老帽儿”样子。现在想想都有些悲壮、凄凉。

那时的萌子脖子上喜欢挂一把钥匙，钥匙用一根紫色毛线系着。简简单单，也就与别的女孩不一样，让人看了觉得很童心，也很青春。

我很喜欢萌子那模样儿，晚自习后回到寝室就想萌子。心事儿不敢亮着，就只催人早早熄灯。17岁的男孩什么不敢想啊！

后来就有了那件事儿。

那天，我们正上早自习。教室里满满当当地坐了人。萌子突然走到讲台上，从口袋里掏出一张纸片儿，清了清嗓子，脸涨得通红地念开了。

天哪！我们原以为她要念学校里发的什么通知，原来是一封让人肉麻的情书，不知是哪一个男孩写给她的情书！

萌子一念完，整个脸庞、眼神都充满了羞辱和愤怒，一副无辜和清纯无助的样子，让人产生无限的爱怜和同情。于是立即引得好多男同学（当然有不少默默喜欢她的）、女同学的同仇敌忾！立即有人从她手上抢过纸片儿，看是谁的笔迹。

刹那间，偌大的教室里的空气像是凝固了，所有的人都等着一个结果的出现！这时，一声不亚于晴天霹雳的声音炸开了：给萌子写情书的是河河！

在一片极端蔑视的眼神和无情声讨的声浪里，我的心陡然间坠得很厉害。我的头沉沉地低下去。河河，怎么会是你？在老师和同学眼里你从来都是那般守规矩、那般用功、那般忠厚老实的人！这样的错发生在你身上，我宁可相信是我们这个年龄拒绝不了犯错误，而不相信错在你本身！

后来的结局就可想而知了。河河被叫到教导处接受审查，然后便是在全校大会上杀一儆百地点名批评，再后来便以匡正校风的名义给取消了参加高考的资格——高考在即还有心思去谈情说爱，怎么分析都只能是扰乱军心，影响极坏啊！

那一天河河悄悄地整理东西回家。班上居然没一个同学与他道别。我顶风险去送他。没几天工夫，河河人消瘦了一大圈，眼睛也哭肿了。做了

十年的大学梦就这样破碎了，我从心里为他感到心痛。

送河河出校门的时候，他与我抱头痛哭。一声凄厉的“我今后怎么做人啊”，让我的泪终于掉下来。那一天黄昏，太阳涂满惨淡的血色。

河河走了。我从心底里恨透了萌子。我认定是一个女孩子的虚荣和所谓的高洁葬送了河河——一个无辜的、有真正男子汉气息的男儿！

我不也是悄悄地喜欢萌子吗？我只是比河河少了一点儿勇气，难道我对萌子的感情会比河河更纯洁？

后来，我和萌子都考上了大学。那个暑假我过得很没劲，心里总是堵得发慌地想河河。命运在一念之中改变了一个人的一生，这是一种让别人也承担不起的残酷！

快要到大学去报到的前几天，萌子从几十里远的县城来乡下找我。她愈发光彩照人。我冷若冰霜地对她。我说：“是你把河河给毁了！”

萌子不作声，一脸的委屈，然后含情脉脉地望着我。那眼睛盯得我很胆怯。“你不知道我一切都是为了你吗？”萌子压低声音说。那种声音提示我：萌子原来很早熟。

“为了我？”我惊讶不已，脸上露出一个不谙世事的小孩子的神态。

“其实，我心里一直喜欢你，我才把河河的那封信当着大家的面给念了。”

萌子原来喜欢我？这不是我一直期待着的吗？但现在这种事实该是幸运还是不幸呢？而且，萌子，你以为向别人标榜了自己的高不可攀和显示了自己有拒绝别人的爱的资本，同时就一定拥有了主宰自己喜欢任何一位男孩的爱的自信了吗？

原来在我、河河和萌子之间，真正渺小和卑微的……是让我们双双陷入痴迷的萌子！

那一刻，爱在我心里圣洁起来，我和河河也伟岸、坦荡起来。我们爱的原本不是萌子。我们只是经历了所有的男孩子在他的花季里必然走过的一段心路历程。

这就是我、萌子和河河的故事。一段关于成长的经历。

只是，当我们都长大的时候，我们都能宽容地原谅我们曾经所做的一切，包括我今天对萌子的理解和对河河的不再同情。因为每个人走向成熟都意味着要付出代价，而付出代价的本身就是人生的另一种收获。

那么，谁又能说出年轻时我们犯下的错到底在哪里——是不是年轻的本身？

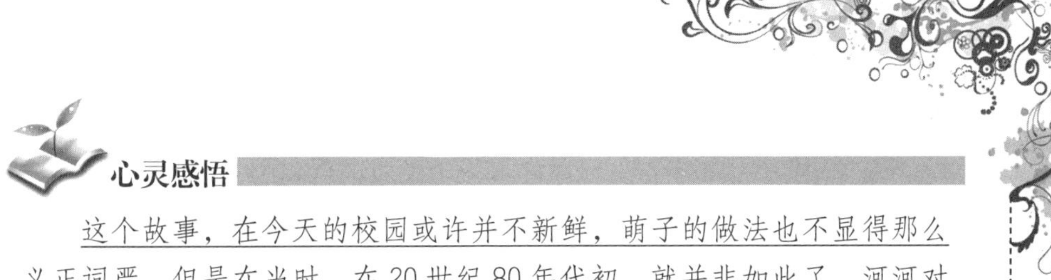

心灵感悟

这个故事，在今天的校园或许并不新鲜，萌子的做法也不显得那么义正词严，但是在当时，在20世纪80年代初，就并非如此了。河河对萌子的感情是真挚的，而萌子所选择的对爱的处理方式，却显得过于幼稚了，也因此葬送了河河美好的大学梦。如果她慎重一些，其结果也并不那么遗憾了吧，但也无怪于她，就像作者所说的，走向成熟也须付出代价，这就是成长的代价吧。

来自蝴蝶的一个吻触

你怎么也不会想到，来自蝴蝶的一个吻触是怎样的美丽和神奇。

这是个寻常的午后，满眼是闹嚷嚷的花，我独在花间小径上穿行，猝不及防地，一只蝴蝶在颊上点了一个吻触。我禁不住一声惊呼，站定了，眼和心遂被那只倏忽飞走的蝴蝶牵引，在花海中载沉载浮……良久，我发现自己的身子竟可笑地朝向着蝴蝶翩飞的方向倾斜——不用说，这是个期待的姿势，这个姿势暴露了这颗心正天真地巴望着刚才的一幕重放！

用心回味着那转瞬即逝的一个吻触，拿手指肚去抚摩被蝴蝶轻触过的皮肤。那一刻，心头掠过了太多诗意的揣想——在我之前，这只蝴蝶曾吻过哪朵花儿的哪茎芳蕊？在我之后，这只蝴蝶又将去吻哪条溪流的哪朵浪花？而在芳蕊和浪花之间，我是不是一个不容省略的存在？这样想着，整个人顿然变得鲜丽起来，通透起来。

生活中有那么多粗糙的事件，那么多粗糙的事件每日不由分说地强行介入我的生活。它们无一例外地被“重要”命名了，拼命要在我的心中镌刻下自己的印痕，可不知为什么，我却越来越麻木，越来越善于忽视和淡忘那些所谓的“重要”事件。炸雷在头上滚过，我忘记了掩耳，也忘记了惊骇；倒是一声花落的微响，入耳动心，让人莫名惊悸。那么多经历的事每每赶来提醒我说那都曾是被我亲自经历的，我慌忙地撒下一个网，却无论如何也打捞不起它们的踪影了。

今天，来自蝴蝶的一个吻触，是如此深深打动了我的心，且给了我深刻铭记的理由。微小的生命，更加微小的一个吻。仿佛，尘世间什么都不曾发生，但又分明有什么东西被撞击出了金石般的轰响。倏然想到李白笔下的“霜钟”——一口钟，兀自悬空，无人来敲，它抱着动听的声响，缄默着走进深秋；夜来，有霜飞至，轻灵的霜针一枚枚投向钟体，它于是忍不住鸣响起来，响彻山谷，响彻云霄。想来，世间最细腻、最别致的敲击与世间最细腻、最别致的吻触，大约都是最能拨动人心弦的东西吧？沧海当前，却以一粟为大。脑子里放置着一个有趣的筛子——网眼之下，是石块、是瓦砾；网眼之上，是碎屑、是尘沙。

——好，就让我窖藏了这个寻常的午后吧！就让那来自蝴蝶的一个吻触沉进最深、最醇的芳香里，等待着一双幸福的手在一个美丽的黄昏启封一段醉人的往事……

心灵感悟

绳在细处断，情在美中生。一个能在俗常生活中发现并感受蝴蝶之吻的人，心底是多么的绚丽美好啊！这样的人是幸福的。不要放过身边的每一个动人瞬间，那是上帝派来的天使给我们悄然送来最美好的馈赠。

第四篇

活着，就是一种莫大的幸福

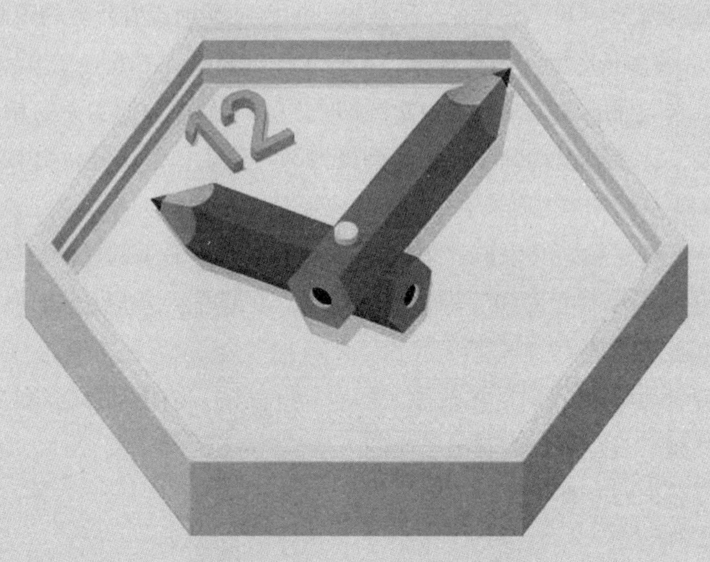

生命的柠檬茶

一对情侣在咖啡馆里发生了口角，互不相让。然后，男孩愤然离去，只留下他的女友独自垂泪。

心烦意乱的女孩搅动着面前的那杯清凉的柠檬茶，泄愤似的用匙子捣着杯中未去皮的新鲜柠檬片，柠檬片已被她捣得不成样子，杯中的茶也泛起了一股柠檬皮的苦味。

女孩叫来侍者，要求换一杯用剥掉皮的柠檬泡成的茶。

侍者看了一眼女孩，没有说话，拿走那杯已被她搅得很混浊的茶，又端来一杯冰冻柠檬茶，只是茶里的柠檬还是带皮的。原本就心情不好的女孩更加恼火了，她又叫来侍者。“我说过，茶里的柠檬要剥皮，你没听清吗?”她斥责着侍者。侍者看着她，他的眼睛清澈明亮，“小姐，请不要着急，”他说道，“你知道吗，柠檬皮经过充分浸泡之后，它的苦味溶解于茶水之中，将是一种清爽甘甜的味道，正是现在的你所需要的。所以请不要急躁，不要想在3分钟之内把柠檬的香味全部挤压出来，那样只会把茶搅得很混，把事情弄得一团糟。”

女孩愣了一下，心里有一种被触动的感觉，她望着侍者的眼睛，问道：“那么，要多长时间才能把柠檬的香味发挥到极致呢?”

侍者笑了:“12个小时。12个小时之后柠檬就会把生命的精华全部释放出来，你就可以得到一杯美味到极致的柠檬茶，但你要付出12个小时的忍耐和等待。”

侍者顿了顿，又说道:“其实不只是泡茶，生命中的任何烦恼，只要你肯付出12个小时忍耐和等待，就会发现，事情并不像你想象的那么糟糕。”

女孩看着他:“你是在暗示我什么吗？”

侍者微笑:“我只是在教你怎样泡制柠檬茶，随便和你讨论一下用泡茶的方法是不是也可以泡制出美味的人生。”侍者鞠躬，离去。

女孩面对一杯柠檬茶静静沉思。

回到家后，她自己动手泡制了一杯柠檬茶，她把柠檬切成又圆又薄的小片，放进茶里。

女孩静静地看着杯中的柠檬片，她看到它们在呼吸，它们的每一个细胞都张开来，有晶莹细密的水珠凝结着。她被感动了，她感到了柠檬的生命和灵魂慢慢升华，缓缓释放。12个小时以后，她品尝到了她有生以来从未喝过的最绝妙、最美味的柠檬茶。女孩明白了，这是因为柠檬的灵魂完全深入其中，才会有如此完美的滋味。

这时门铃响起，女孩开门，看见男孩站在门外，怀里的一大捧玫瑰娇艳欲滴。“可以原谅我吗？”他讷讷地问。女孩笑了，她拉他进来，在他面前放了一杯柠檬茶。“让我们有一个约定，”女孩说道，“以后，不管遇到多少烦恼，我们都不许发脾气，定下心来想想这杯柠檬茶。”

“为什么要想柠檬茶，”男孩困惑不解。

“因为，我们需要耐心等待12个小时。”后来，女孩将柠檬茶的秘诀运用到她生活中的各个层面，她的生命因此而快乐、生动和美丽。女孩恬静地品尝着柠檬茶的美妙滋味，品尝着生命的美妙滋味。

请你也记住那位侍者的话：“如果你想在3分钟内把柠檬的滋味全部挤压出来，就会把茶弄得很苦，搅得很混。”

心灵感悟

生命中的任何烦恼，只要你肯付出12个小时忍耐和等待，就会发现，事情并不像你想象的那么糟糕。

储蓄尊严

初冬黄昏的冷雨中，那老人仍然站在望得见大路的拐角处。所有的人都知道，他是在等他的孙女，一年四季，天天如此。

有一天，我下班时，看见一个高而胖的女孩骑自行车从老人身边一掠而过，之后老人便慢慢朝家的方向走去。原来他的孙女已经是个高中学生了，她根本无须他等，也不屑他等。原来老人等孙女只是个借口，是为了暂时躲开下班后一面做饭一面骂骂咧咧的儿媳妇，为了可以名正言顺地在

外面待上一会儿，为了一个上岁数的人起码的尊严。

老人的经历是陆陆续续听说的。这人年轻时日子过得很浑，该会的不会，不该会的都会了。没给妻儿带来幸福，却给他们造成了无尽的痛苦。妻子死于中年，儿子年近四十才娶上一个年轻而丑陋的媳妇。媳妇性情凶悍，儿子长年沉默得像块石头。如今他老了，一无所能，一无所有，无依无靠，儿子收留了他，媳妇骂归骂，到底也接纳了他。

曾经同情他的邻居们，后来就不再同情他了。不是吗？他曾恣意挥霍了所有应当努力的、应当尽责的岁月，那么，到了本应颐养天年的日子，他得不到后辈的尊敬也是毫不奇怪的了。但我仍有一点点同情他，不是在儿媳妇骂他“老不死”的时候，而是不分春夏秋冬，见他在大路拐角处等待孙女的时候。他终于也知道人活着要有尊严啊，这时他一定为年轻时的所作所为而深深地后悔了吧。

“尊老”固然是被倡导的美德，可是人的尊严不是别人赐予的，而是自己争取来的。

一个人年轻时的努力，除了安身立命，除了造福人类，还在为自己储蓄一份尊严。当你年迈体弱时，如果你有足够的人格储备，有足够的学识储备，包括有足够的物质储备，那么毫无疑问，你当然会有足够的尊严。

如果你是个年轻人，我劝你一定要给老人以尊严，无论他曾经多么窝囊、多么荒唐也要给他一些，因为他已经来不及储蓄了。

但如果你是个年轻人，我劝你一定也要为自己储蓄尊严，到老来你才会有握在手心里的真正的尊严。

心灵感悟

一个人年轻时的努力，既是为社会作贡献，也是为自己在储蓄享受。当你年老力衰时，想做努力都已来不及了。所以说，年轻的人们，努力吧！

大自然从不执著

一位还在夜间部念书的女性朋友最近做了一次感情上的决定，在两位交往的朋友之中，选择了较晚出现的一位。她告诉我，那位她选择“分手”的朋友，在得知她选择了另一个人之后，对她表白：每天晚上9点到10点，当她下课回家的时刻，他会在她必须经过的巷口等她；如果有一天，她回心转意了，随时可以去找他。

这种故事似曾相识，在每个角落、每个时刻不断地发生，甚至我们自己就曾说过类似的话，做过相近的事。我们往往把这种情况称为“执著”，而且似乎还同情甚至期待这种对于感情的执著。“地老天荒、海枯石烂”的爱情，即使我们嘴巴不说，心里面还是多多少少有着向往与憧憬的。

其实，我们不只执著于感情，我们也常要求、砥砺别人必须执著于理想。我们赞美“数十年如一日”的毅力与恒心，也常激励人们为了那“一朝功名”的目标，必须能够坚忍“十年寒窗”的寂寞与辛苦。如果谈得更细微一些，每个人的价值体系里，属于个人的执著就更多了，不论是政治立场、人际关系、感情对象，甚至生活习惯，我们一直生活在种种的执著之中。执著对不对？好不好呢？

我喜欢抬头看云，看云在天空里的种种变化，看云的凝聚与消散。冬天，我常在树下听风吹过树叶间的声音，看叶子随风飘落的姿态。我还喜欢看流动的水，尤其是山间的小溪，我喜欢待在溪旁，静静地听水流的声音。

大自然是不执著的。

等天空里的水汽积聚够了，云便成形；风吹过来了，云便飘动，变化各种不同的样子；风大了，云便消散无踪，一切的变化都顺应自然，毫不坚持某一种形态。冬天来了，叶子该凋零了，它便会落下，没有一点儿恋栈，没有丝毫不舍。小溪里的水，不断地潺潺流动着，从来不会停留，不会止歇。

因为不坚持，天空的云才能展现万般风貌，因为不恋栈，树木才有春天的新生，因为不停留，小溪才能涓流不息。

原来，大自然如此的丰富多彩与生生不绝，是因为它从不执著啊！

心灵感悟

大自然如此丰富多彩与生生不息，是因为她从不执著，顺应自然：天空中水汽积聚便成云，风吹则动，风大则云散，一切都那么自然，没

有一点儿恋栈。生活中的我们，能否也像大自然那样少一些“执著”，而多一些自然呢！

只有5条街口的距离

25岁的时候，我因失业而挨饿，以前在君士坦丁堡、在巴黎、在罗马，都尝过贫穷和挨饿的滋味。然而，在这个纽约城，处处充溢着豪华气息，尤其使我觉得失业的可悲。

我不知道有什么办法能改变这种局面，因为我胜任的工作非常有限。我能写文章，但不会用英文写作。白天就在马路上东奔西走，目的倒不是为了锻炼身体，因为这是躲避房东讨债的最好办法。

一天，我在42号街碰见一位金发碧眼的大高个儿，立刻认出他是俄国的名歌唱家夏里宾先生。记得我小时候，常常在莫斯科帝国剧院的门口，排在观众的行列中间，等待好久之后，方能购得一张票，去欣赏这位先生的艺术。后来我在巴黎充当新闻记者，曾经去访问过他。我以为他当时是不会认识我的，然而他却还记得我的名字。

“很忙吗？”他问我。

我含糊地回答了他，我想他已一眼看出了我的境遇。

“我住的旅馆在第103号街，百老汇那边，跟我一同走过去，好不好？”他问我。

走过去？当时是中午，我已走了5个小时的马路了。

“但是，夏里宾先生，还要走60个街口，路不近呢。”

“胡说，”他笑着说，“只有5个街口。”

“5个街口？”我觉得很诧异。

“是的，”他说，“但我不是说到我的旅馆，而是到第6号街的一家射击游艺场。”

这有些答非所问，但我却顺从地跟着他走。一下子就到了射击游艺场的门口，看到两名水兵好几次都打不中目标。然后我们继续前进。

“现在，”夏里宾说，“只有11个街口了。”

我摇了摇头。

不多一会儿，走到卡纳奇大戏院。夏里宾说，他要看看那些购买月戏票子的观众究竟是什么样子。几分钟之后，我们重又前进。

“现在，”夏里宾愉快地说，“咱们离中央公园的动物园只有5个街口了，动物园里有一只猩猩，它的脸很像我所认识的一位唱次中音的朋友。我们去看看那只猩猩。”

又走了12个街口，已经回到百老汇路，我们在一家小吃店面前停下来。橱窗里放着一坛咸萝卜。夏里宾奉医生的医嘱不能吃咸菜，因此他只能隔窗望了望。

“这东西不坏呢！”他说，“它使我想起了我的青年时期。”

我走了许多路，原该筋疲力尽的了。可是奇怪得很，今天反而比往常好些。这样忽断忽续地走着，走到夏里宾住的旅馆的时候，他满意地笑着说：

“并不太远吧？现在让我们来吃午饭。”

在那满意的午餐之前，夏里宾给我解释为什么要我走这许多路的理由。

“今天的走路，你可以常常记在心里，”这位大音乐家庄严地说，“这是生活艺术的一个教训：你与你的目标之间无论有怎样遥远的距离，都不要担心。把你的精神常常集中在5个街口的短短距离，别让那遥远的未来使你烦闷异常。常常注意于未来24小时内使你觉得有趣的小玩意。”

屈指到今，已经19年了，夏里宾也已长辞人世。我们共同走过马路的那一天永远值得我纪念。因为尽管那些马路如今大都已经变了样子，可是夏里宾的实用哲学，有好多次都解决了我的难题。

心灵感悟

面对一个因挨饿而丧失志气、茫然不知所措的年轻人，夏里宾先生用朴素简约的方式将生活的艺术传递，让年轻人懂得在通向遥远目标的道路上如何战胜畏惧和卑怯，取得自信和快乐。

其实，这个故事更形而上的理念是告诉我们：生存的智慧在于转变，通过转变观念发现被忽略的崇高和美丽，就会重新赢得夺取生活胜利的勇气。

时光鸟

一位白胡须老人在全世界的山丘上与广阔的河谷里行走。他背上背着一只袋子，里面有什么东西不安地蠕动着，仿佛要从里面逃出来。但他将袋子驮在两肩之间，不知疲倦地往前走，甚至步履稳健地跨着大步，毫不考虑脚下穿越的是什么地带。

他就是时光老人，永不停歇地旅行，他肩负的袋子里装满着“明天”，它们都挣扎扭动着想出来。

每天夜里12点，他就打开袋子，让一个“明天”飞出来，就一个。“明天”长着蓝色的翅膀，玫瑰色的发光的羽毛带着希望。所有其他的“明天”都被时光老人强有力的双手拦住，塞到袋子的深处。

那个“明天”向大地飞去，拍打着它可爱的羽毛，但一接触地面，它那蓝色的翅膀就垂落下来，它就变成了一只普普通通的白色鸟儿，而且也不会飞了。它已经成为一个“今天”。大家都知道，“今天”没有“明天”那样奇妙，因为“今天”可以被人把握、接受、藐视、侮辱，而“明天”则充满着神奇与美妙。它拥有着财富与幸福，它为全世界所期待。即使那些没有多少希望的人也叹息说:“明天可能带来变化，明天的生活将是不一样的。”

大家都力图在“明天”降临大地以前抓住它，这样他们就可以在那蓝色的翅膀和玫瑰色的羽毛下隐约看到未来会给他们带来些什么。有些“明天”的翅膀下带着幸福和关爱，而另一些“明天”却带着悲伤与贫困，但是在“今天”到来以前，所有这一切都是隐蔽着的。

人们认为，如果他们能事先知道“明天”会带来什么，他们就能为此做好准备。因此，他们将捕鸟胶涂在“明天”从时光老人的袋子里飞出时可能栖落的树枝上，他们用大网猎捕这些鸟儿，一心想在它们改变羽毛之前捉到一只。然而，尽管他们尝试过各种各样的方法，鸟儿还是逃走了，飞到地上成为“今天”。

终于，在多次试验和多次失败后，一位贤哲捉到了一个“明天”。他

制造出一种梦幻般的蛛丝，并把它织成了一张紧密的罗网。他将这张罗网展布在空中，看啊！一个振翼飞着的“明天”被捉住了。他将“明天”带回了家。“明天”挣扎着，鼓动它蓝色的翅膀和玫瑰色的羽毛，但怎么也飞不出编织紧密的网眼。他将网挂在房间的天花板下，观看着这只鸟儿。它翅膀上满是令人炫目的希望，每一个深蓝色的斑点就是一种希望。当鸟儿抖动它的羽毛时，那些希望就喷洒到空中。每一只翅膀都有12个长长的翼梢，那就是“明天”的钟点。翼梢上的每一片羽毛则是“明天”的分钟。它长着很多绒毛的胸部则闪耀着那种无人知晓的美。

这位贤哲认为，如果他能将“明天”监禁着，他就能永远知道未来。也许，这只鸟儿会死，会改变，但他能用他的神奇之网再捉一只。

他取出一个笔记本和一盘卷尺，去测量这只姣美的动物。他记下了每时每刻各种彩虹色不断变化的情景，还记下了他能看到的第二天每一分钟的希望。他整天写着，记录着“明天”将发生的每一件事情。午夜，他等待着，因为这时时光老人将释放出另一个“明天”——一只新鸟。他留神看着他自己的这只是否会变成一个雪一样白的“今天”。

不，它的翅膀闪耀着生气勃勃的希望，它依然是“明天”，可爱的明天，它在网中带着熠熠生辉的美等待着。

贤哲高兴得鼓起掌来，而“明天”则扑打着它的翅膀，急不可耐地轻轻鸣叫着，试图逃走，但是网牢牢地网住了它。第二天的各种事件都可以辨认出来了，“明天”将永远被人知道。现在这位贤哲知道将要发生的一切了。他能预告未来，而他的预言将永远准确。他知道国王的王宫里和乞丐的破顶楼上将发生什么；他知道谁将死去，谁将出生。幸福和痛苦以及生活中所有的事件都公开在他面前，他可以通告全世界。他将成为全世界最强大的人——不过，他会暂时保守他的秘密。

每天，他狂热地写着未来将发生的事件，这些话将永远是真实的，所以他无所不知。但当他看着这只美丽鸟儿变化着的羽毛时，他感到悲哀。他想提醒人们警惕自己的命运。如果他说出“明天”的不幸，他就会破坏“今天”，甚至毁了“今天”这只白鸟儿；如果他讲出“明天”将带来的幸福，那将会减少意想不到的幸福给人们带来的惊喜。

他决定邀请人们来看看这只神奇的鸟，让他们自己来判断是否会知道一切。于是，他打开门，欢迎任何想看看这个美丽的“明天”的人。

人们蜂拥而至，有富人，有穷人，全部急切地要看看“明天”。他们紧紧围着这只精美而羞怯的鸟儿。鸟儿在这张梦幻之网中轻轻地飞来飞去；从不放下它的双脚，因为网内没有栖木，也没有树枝；它的羽毛闪着光，像变幻的彩虹。

当他们在“明天”扑动的翅膀上辨认出未来时，他们激动的呼喊声越来越响亮了。

他们推挤着，挣扎着，竭力想靠得近些。有人哭泣，有人呻吟，还有许多人在狂笑，他们高举着贪婪的双手，极力想抓住这只鸟儿，以获得更多的消息。鸟儿飞到了人们抓不到的地方。

贤哲回来了，他将这群人送出门外，使鸟不致于死在他们的手里。人们川流不息地走在回家的路上，呼喊着，眼神狂乱，好像受到了惊吓，因为只有几个人对即将发生的事情——不管是美好的还是丑恶的——具有足够强大的承受力。

贤哲锁上门，悲哀地回到那间关着“明天”的房间，长着蓝色翅膀的“明天”正在梦幻之网中慢慢地拍动双翼。网下站着一个被留下的小男孩，他的一只手挤过网眼。

男孩抚摸着鸟儿柔软的羽毛，与这只可爱的动物亲密地讲着话，鸟儿最大限度地展开它的翅膀，挣破了这张网。它飞到了地面，贤哲再不想去捉它了，而是专注地观察它蓝色翅膀的垂落和羽毛的变色。使他惊奇的是，鸟儿的色彩依然是那样灿烂辉煌。这是一只“今天”的鸟，有着蓝色的翅膀和带着玫瑰色希望的羽毛。

这只鸟儿用嘴梳理自己的身体，望着孩子跪下来抚摸着它的翅膀。这位贤哲沉思道：“对一个孩子来说是没有‘明天’的。‘今天’是最完美的时光，而‘明天’是未知。”

“保护它，”他对这个充满渴望的孩子说，“它是永远属于你的。”

贤哲开开锁，将门大开着，孩子走出这所房子，怀里抱着这只鸟——一个可爱的“今天”，一只美丽的鸟，永远不变，直到孩子长大成人。之后，它鼓起蓝色的翅膀，冲向天空去寻找它的主人——时光老人。而这个年轻人坐在书桌旁，写了一首关于这只鸟的诗。

心灵感悟

明天是隐蔽的，是未知的，所以人们对明天总是充满了好奇，充满了期待。但反过来说，不管明天是美好还是噩梦，又总是虚妄的、缥缈的。与其期待追逐缥缈的明天，还不如紧紧抓住今天。今天是实在的，即使今天受着苦难，也可用双手使今天变得美好。

请记住贤哲的话：今天是永远属于你的。

活着，就是一种莫大的幸福

有个中年男子，厌倦了日复一日平淡无奇的生活，感觉生命太乏味了。

偶然的一次机会，他参加了挑战极限的活动。

主办者把他关在山洞里，无光无火亦无粮，每天只供应3千克的水，时间为120小时，整整5个昼夜。

第一天，他心怀好奇，颇觉刺激。

第二天，饥饿、孤独、恐惧一齐袭来，四周漆黑一片，听不到任何响声。于是，他有点向往起平日里的无忧无虑来。

他想起了乡下的老母亲，千里迢迢地赶来，只为送一坛辣椒酱，以及小孙子的一双虎头鞋。

他想起了终日相伴的妻子，在深夜里为自己递上的一杯热热的牛奶。

他想起了宝贝儿子，天天下班回家都要给他一个吻。

他甚至想起了与他发生争执的同事，曾经给自己买过的一瓶可乐……

不知不觉地，他后悔起自己平日里对生活的态度：懒懒散散，敷衍了事，冷漠虚伪，无所作为。

第三天，他饿得几乎挺不住了。可是一想到人世间的种种美好，便坚持了下来。

第四天，第五天，他仍然在饥饿、孤独、恐惧中反思过去，向往未来。

他痛恨自己竟然忘记了父母的生日；他遗憾妻子分娩之时自己却远在外地出差；他后悔听信流言与好友分道扬镳……他这才觉出需要他努力弥

补的事情，竟是那么多。可是，连他自己也不知道，他能不能挺过最后一关。就在他涕泪齐下、百感交集之时，洞门开了。阳光照射进来，白云就在眼前，淡淡的花香，悦耳的鸟鸣，又送给他一个美好的人间。小伙子摇摇晃晃地走出山洞，脸上浮出了一丝难得的笑容。

5天来，他的心里一直在说一句话，那就是:活着，就是一种莫大的幸福。

心灵感悟

生命虽然美丽，然而我们容易被生活的琐碎所淹没。不要在意那些复杂的纠葛，让我们好好珍惜现在鲜活的生命，享受丰富多彩的人生。

幸福在身边

需要的时候得到的满足，就是一种幸福！

有一个人，他生前善良且热心助人，所以在他死后，升上天堂，做了天使。他当了天使后，仍时常到凡间帮助别人，希望人们能够感受到幸福的滋味。

一日，他遇见一个农夫。农夫看起来非常苦恼，他向天使诉说："我家的水牛死了，没它帮忙犁田，我怎么下田劳动呢？"

于是天使赐给他一头健壮的水牛。农夫很高兴，天使在他身上感受到了幸福的滋味。

又一日，他遇见一个男人。男人非常沮丧，他向天使诉说："我的钱被骗光了，没盘缠回乡。"

于是天使给他银两做路费，男人很高兴，天使在他身上感受到了幸福的滋味。

又一日，他遇见一个诗人，诗人年轻、英俊、有才华，而且很富有，妻子貌美而温柔，但他却过得不快活。

天使问他："你不快乐吗？我能帮你吗？"

诗人对天使说："我什么都有，只缺一样东西，你能给我吗？"

天使回答说："可以，你要什么我都可以给你。"

诗人望着天使，说道："我要的是幸福。"这下可把天使难倒了，天使想了想，说："我明白了。"然后把诗人所拥有的一切都拿走了。

天使拿走了诗人的才华，毁坏了他的容貌，夺去了他的财产和他妻子的性命。天使做完这些事后，便离开了。

一个月后，天使再次回到诗人的身边，那时他已经饿得半死，衣衫褴褛地躺在地上挣扎。于是天使把他的一切又还给了他，然后离开了。半个月后，天使再去看望诗人。这次诗人搂着妻子，不住地向天使道谢，因为他得到了幸福。

人很奇怪，每每要到失去后才懂得珍惜，其实幸福早就放在了你的面前。

心灵感悟

珍惜你所拥有的，不要等到失去的时候再懂得珍惜。那些摆放在你周边的看似微不足道的事情，正是你的幸福所在。

尽力而为还不够

在美国西雅图的一所著名教堂里，有一位德高望重的牧师——戴尔·泰勒。有一天，他向教会学校的学生们讲了一个故事。

有一年冬天，猎人带着猎狗去打猎。猎人一枪击中了一只兔子的后腿，受伤的兔子拼命地逃跑，猎狗在其后穷追不舍。可是追了一阵子，兔子跑得越来越远了。猎狗知道实在追不上了，只好悻悻地回到猎人的身边。猎人气急败坏地说："你真没用，连一只受伤的兔子都追不到！"

猎狗听了很不服气地辩解道："我已经尽力而为了呀！"

兔子带着枪伤成功地逃生回家，兄弟们都围上来惊讶地问它："那只猎狗很凶，你又带了伤，是怎么甩掉它的呢？"

兔子说："它是尽力而为，我是竭尽全力呀！它没追上我，最多挨一顿骂，而我若不竭尽全力地跑，可就没命了呀！"

泰勒牧师讲完故事后，又向全校郑重其事地承诺：谁要是能背出《圣经·马太福音》中第五章到第七章的全部内容，他就邀请谁去西雅图的

“太空针”高塔餐厅参加免费的聚餐会。

《圣经·马太福音》中第五章到第七章的全部内容有几万字，而且不押韵，要背诵其全文无疑有相当大的难度。尽管参加免费聚餐会是许多学生梦寐以求的事情，但几乎所有的人都浅尝辄止、望而却步了。

几天后，一个十一岁的小男孩，胸有成竹地站在泰勒牧师的面前，从头到尾按要求背了下来，竟然一字不漏，丝毫没有差错，到了最后竟然成了声情并茂的朗诵。

泰勒牧师不禁好奇地问：“你为什么能背下这么长的文章呢？”

男孩不假思索地答道：“我竭尽全力。”

十六年后，那个男孩成了世界著名软件公司的老板，他就是——比尔·盖茨。

泰勒牧师讲的故事和比尔·盖茨的成功背诵对人很有启示：每个人都有极大的潜能。正如心理学家所指出的，一般人的潜能只开发了2~8%，像爱因斯坦那样伟大的科学家，也只开发了12%左右。一个人如果开发了50%的潜能，就可以背诵四百本教科书，可以学完十几所大学的课程，还可以掌握二十来种不同国家的语言。这就是说，我们还有90%的潜能处于沉睡状态。同学们，谁要想创造奇迹，仅仅做到尽力而为还不够，必须竭尽全力才行！

心灵感悟

干任何事情都需要付出最大的热情。百分之百的努力未必收到百分之百的效果，而要想收到百分之百的效果，则必须竭尽全力。竭尽全力能最大限度地开发一个人的潜力，竭尽全力就能创造奇迹！

脚印

美国建筑设计大师赖特向人们讲述他小时候的一件事。9岁那年的一个冬日，他与叔叔到邻村办事，途中经过一块积雪覆盖的田地。两人走过雪地后，叔叔突然把赖特叫住，要他回头看看他们留在雪地上的脚印。小赖特发现自己的脚印歪歪扭扭地散布在雪地上，而叔叔的脚印却如离弦之箭的轨迹，从雪地一端笔直延伸至另一端。

“你先从树篱边开始走，不知怎么就拐到了边上的牛棚，再折到另一面的小林子里，然后又走回到原路。看见鸟儿，你就不时地跑上去扔几团雪。你瞧自己留下的脚印，乱成一团，搞不懂你是要到哪里。”叔叔对他说，“我的脚印看上去清清楚楚，没有一点弯路，直接通向我们想去的地方。记住，这是个重要的教训。”

多年以后，赖特在提及这段小事对自己的影响时说：“从那天起，我认识到，绝不能为了一些琐事而错过生命中最重要的东西。要像我叔叔那样，一旦定下目标，就要一直朝着那个方向前进，绝不能中途迷失。”

心灵感悟

罗曼·罗兰说过，我们在人生的道路上，最好的办法是只向前看，不要回头。的确，当我们选定了正确的人生目标后，就应该像走钢丝一样，排除杂念，心无旁骛，勇往直前。

高尔夫与种地的区别

迈克努力修习高尔夫，且把品牌球包和一堆球杆摆在私人办公室里做装饰。

因为迈克发现，这两年，高尔夫成了朋友们之间必不可少的话题。如果你没有好好修习这项运动，就像英语盲到了美国，连一句“Good mornming”都听不懂，更会被大家用审视的眼光睥睨，好像是说，这人怎么混成有钱人的！

中国没有世袭的贵族，早在五十年前就被消灭干净了，迈克自然也是平民出身。

然而，看他现在一身雪白的行头，每个周末徜徉于绿意盎然的广阔球场，挥动高尔夫球杆，雪白的小球高飞蓝天，这幕情景好不风雅。他对于高尔夫的热衷，和每周长时间打球形成的高超球技，在朋友圈子中传为美

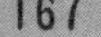

谈。这项高尚运动让他脱胎换骨了，几乎成了一个天生的贵族，包括他在球场上越晒越黑的脸，和长满高尔夫老茧的手。

五一长假，迈克回老家省亲。从小把他带大的奶奶，还在浙江的农村种地度日。吃饭间，奶奶连连给他夹菜，夹着夹着却哭了起来，说："你在外面很辛苦，如果过不下去了，就回老家来吧，这里再穷，也不怕多一双筷子。"

迈克不知奶奶何出此言，连忙道："我过得真的很好啊……"他想谈一谈高尔夫运动，来证明他的贵族生活。

奶奶打断了他，说："孩子，你总说在城里是做老板的，可是看你晒得这么黑，还有一手的茧子，你分明是在天天干体力活啊。你就不用每次回来假装了，在外面卖体力，还不如回家来种地呢，多少还有个照应。"

迈克的太太没有随迈克下乡，她正和"太太团"的成员们，醉心于另一项高雅运动——壁球，言必称那小房间里的种种，练习到膝盖肿。有一天忽然看到一份资料，原来壁球是囚犯们在监狱里发明的，顿觉心中空虚。此刻，她想到了迈克的高尔夫球杆，和农民的锄头不无相似，而且一天走十几公里，比种地还辛苦。运动无非强身，不能证明什么。睿智的老奶奶说出了朴素的真理，这样在外面卖力气，和回家种地，其实也没什么不同。

心灵感悟

这个世界真的很奇妙，事物本无所谓"高级、低级"，而是看你自己把它放到了什么样的位置。你看：高尔夫——这个贵族圈子里的"高级"玩意儿，在一般人的眼里就是个苦差事。因此，我们要正确看待我们自己以及周围的一切，这样，我们才能生活得安心、舒适。

欣赏生活

在亚里桑那沙漠过第一个夏天，斯蒂芬想自己会被热死的。华氏112度的高温快把人烤熟了。

第二年4月，斯蒂芬就开始为过夏天而担忧，3个月的地狱生活又要来了。有一天，当他在凤凰城的一个加油站给车加油时，和主人希普森先生聊起这里可怕的夏天。

“哈哈，你不能这样为夏天担忧，”希普森先生善意地责备斯蒂芬，“对炎热的害怕只能使夏天开始得更早、结束得更晚。”

当斯蒂芬付钱时，他意识到希普森先生说对了。在自己的感觉中，夏天不是已经来了吗？开始了它为期5个月的肆虐。

“像迎接一个惊人的喜讯那样对待酷暑的来临，”希普森先生说着找给斯蒂芬零钱，“千万别错过夏天带给我们的最美好的礼物，而对夏天的种种不适，只要躲在装有空调的房间里就过去了。”

“夏天还有最美好的礼物？”斯蒂芬急切地问。

“你从不在清晨五六点起床？我发现，6月的黎明，整个天际挂着漂亮的玫瑰红，就像少女羞红的脸。8月的夜晚，满天繁星就像深蓝色的海洋里漂浮的海星。一个人只有在华氏114度的高温里跳进水里，他才能真正体会到游泳的乐趣！”

当希普森先生去给另一辆车加油时，站在一旁的一位加油工轻声对斯蒂芬说：“好啊！你得到了希普森的特别服务——免费传授他的人生哲学。”

使斯蒂芬惊奇的是，希普森先生的话果然有效。他不怕夏天了，4月和5月也就自动与炎炎夏季区分开了。当高温天气真的到来时，清晨，斯蒂芬在天堂般的凉爽中修剪玫瑰花；下午，他和孩子们舒舒服服地在家里睡觉；晚上，他们在院子里玩棒球游戏，做冰激凌吃，痛快极了。整个夏天，他还欣赏了沙漠日出特有的壮观景象。

几年之后，斯蒂芬一家搬到北部的克来兰德，不到9月，邻居们就为过冬担忧了。当12月的大雪真的落下时，他们的孩子，10岁的大卫和12岁的唐真是兴奋极了，他们忙活着滚雪球，邻居们都站在一旁盯着看“这两个从没见过雪的愣头愣脑的沙漠小子”。

后来孩子们坐着雪橇上山滑雪去湖面滑冰，回来以后，大人、小孩都围坐在斯蒂芬家的壁炉旁，津津有味地吃热巧克力。

一天下午，一位中年邻居感慨地说：“多年来，雪只是我们铲除的对象，我都忘了它真能给我们这么多快乐呢！”

几年之后，他们又搬回沙漠。斯蒂芬开车到加油站，新主人告诉他希普森先生因年事已高把加油站卖了，在不远处又经营了一个小型加油站。

斯蒂芬开车到那儿，前去拜访希普森先生，并让他给自己加油。他更瘦了，满头银发，但是他那愉快的笑容依旧。斯蒂芬问他感觉怎么样。

“我一点儿也不担心变老，”他说着从车篷下走出来，“在这里光欣赏生活的美都欣赏不过来呢！”

他边擦手边说：“我们有三棵果实累累的桃树，卧室窗外还有一个蜂鸟窝，想想还没有我指头大的美丽的小鸟，看上去真像一只小企鹅。”

他开着发票，继续说：“黄昏时，长耳大野兔奔跑跳跃；月亮升起来时，小狼在山坡上成群出现。我从来没有看到有这么多野生动物在春天活动。”斯蒂芬开车离开时，他向斯蒂芬喊道：“去观赏吧！”

回家的路上，希普森这位可爱的老人的幸福秘诀一直回荡在斯蒂芬的脑际。

是呀，尽管生活会给人带来种种烦恼，但重要的是，你要学会发现和欣赏生活中的美。

心灵感悟

昔日陶潜采菊东篱，怡然自得，孰不知南山在多数人眼里只是一派荒芜。为何同样的景致，有人却身陷荒凉？这在于各人心境的不同。

生活原本平凡，有红花必有杂草，有乌云必有日头，这不可避免。但是，如果你善于发现，怀一颗欣赏之心，你就能找到生活的美，你就能悟到生活的味。

与上帝共进午餐

从前，有一个小男孩，他非常非常想去见一见上帝。当然，他知道上帝住在很远很远的地方，要走很长很长的路、经过很长很长的时间才能到达。因此，他准备了一只手提箱，并在箱中塞满了巧克力，还有六瓶饮料，然后，就开始了他的寻梦之旅。

走着，走着，不知不觉中他已走过了三个街区。他来到了一座公园里，看到一位老太太坐在那里，正目不转睛地盯着那些时起时落的鸽子。小男孩紧挨着她坐了下来，打开手提箱，拿出一瓶饮料，正准备喝时，无意中扫了老太太一眼，他突然发现老太太看起来似乎很饿。于是，他拿了一块巧克力递给她。老太太欣然接受了，内心充满了感激，她微笑地看着小男孩，笑容是多么的慈祥，多么的亲切。小男孩感到心中舒畅极了，世界也仿佛充满了阳光，到处都是鸟语花香。他想再看一次她的笑脸，因此他又拿出一瓶饮料递给她。老太太又欣然地接受了，并且又对他报以慈祥的微笑。小男孩高兴极了。

整个下午，他们就这样坐在公园里，边吃边笑。

天色逐渐黑了下来，夜幕降临了。此时，小男孩觉得十分疲劳，站起身往家走去。但是，刚走出几步，又突然转过身，跑回到老太太身边，张开双臂，紧紧地拥抱了她一下。老太太再次对他报以最完美的微笑。

没过多久，当小男孩愉快地回到家里，走向自己房间的时候，他的母亲感到非常的惊奇，她不知道究竟是什么事令她的儿子这么满面春风，于是，她问道："孩子，今天发生什么事了，让你这么快乐？"

"我与上帝共进午餐了，"他兴奋地答道，接着，还没等他的母亲反应过来，他又补充道，"您猜怎样？她给了我从未见过的最美好的微笑！啊，她是那么慈祥，那么亲切，那么完美！"他说这话的时候，神情仿佛是在回味下午与"上帝"共同度过的美好时光。

与此同时，那位容光焕发的老太太也喜气洋洋地回到了家里。看着老太太那安详、平和的神情，她的儿子感到非常吃惊。他疑惑地问道："妈妈，您今天做什么事了，这么高兴？"

"哦，今天我在公园里遇见上帝了，他还和我一起吃了巧克力呢！"老太太兴奋也说道，那神情也仿佛是在回味着与"上帝"共同度过的美好时光。还没等她的儿子反应过来，她又立即补充道，"你知道吗，原来上帝这么年轻，比我想象中的还要年轻得多！"

心灵感悟

一块巧克力，一瓶饮料，一个微笑，一个拥抱，就让一个小孩满面

春风；一个"充满了阳光，到处都是鸟语花香"小孩的世界，就让一个老太太容光焕发，喜气洋洋。原来上帝就在我们身边！原来，快乐是如此的简单！

这个小故事告诉了我们：上帝可以是一个天真活泼的小孩，上帝可以是一个有着慈祥亲切笑容的老婆婆，上帝可以是你，上帝也可以是我，我们每个人都可以是上帝。

快乐，很简单。你不经意的一个微笑，你不经意的一句贴心的话，你不经意的一声称赞，都会让你和你身边的人沐浴在快乐的空气里。不要吝惜你甜甜的笑容，也不要小看你的关心，这都是快乐的源泉啊。

永远的蝴蝶

其实雨下得并不大，却是一生一世中最大的一场雨。

那时候刚好下着雨，柏油路面湿冷冷的，还闪烁着青、黄、红颜色的灯火。我们就在骑楼下躲雨，看绿色的邮筒孤独地站在街的对面。我白色风衣的大口袋里有一封要寄给在南部的母亲的信。

樱子说她可以撑伞过去帮我寄信。我默默地点头，把信交给她。

"谁叫我们只带来一把小伞哪。"她微笑着说，一面撑起伞，准备过马路去帮我寄信。从她伞骨滑下来的小雨点溅在我眼镜玻璃上。

随着一阵拔尖的刹车声，樱子的一生轻轻地飞了起来，缓缓地，飘落在湿冷的街面上，好像一只夜晚的蝴蝶。

虽然是春天，好像已是深秋了。

她只是过马路去帮我寄信。这简单的动作，却要叫我终身难忘了。我缓缓睁开眼，茫然站在骑楼下，眼里裹着滚烫的泪水。世上所有的车子都停了下来，人潮涌向马路中央。没有人知道那躺在街面的，就是我的蝴蝶。这时她只离我5米，竟是那么遥远。更大的雨点溅在我的眼镜上，溅到我的生命里来。

为什么呢？只带一把雨伞？

然而，我又看到樱子穿着白色的风衣，撑着伞，静静地过马路了。她是要帮我寄信的，那，那是一封写给在南部的母亲的信，我茫然站在骑楼下，我又看到永远的樱子走到街心。其实雨下得并不大，却是一生一世中最大的一场雨。而那封信是这样写的，年轻的樱子知不知道呢？

妈：我打算在下个月和樱子结婚。

心灵感悟

一只蝴蝶，一只充满着喜悦、憧憬、希望的蝴蝶，她跌落在一场雨中，一辆汽车的车轮下。想来，车轮应该也会怜香惜玉，一只饱满的蝴蝶，她下个月就要做幸福的新娘了。如果没有这场雨，如果没有那封信，她应该是一个最最漂亮的新娘。

紫色人形

那时我在乡下医院当化验员。一天到仓库去，想领一块新油布。

管库的老大妈，把犄角旮旯翻了个底朝天，然后对我说："你要的那种油布多年没人用了，库里已无存货。"

我失望地往外走，突然在旧物品当中，发现了一块油布。它折叠得四四方方，从跷起的边缘处，可以看到一角豆青色的布面。

我惊喜地说："这块油布正合适，就给我吧。"

老大妈毫不迟疑地说："那可不行。"

我说："是不是有人在我之前就预订了它？"

她好像陷入了回忆，有些恍惚地说："那倒也不是……我没想到你把它给翻出来了……当时我把它刷了，很难刷净……"

我打断她的话："就是有人用过也不要紧，反正我是用它铺工作台，只要油布没有窟窿就行。"

她说，小姑娘你不要急，要是你听完了我给你讲的这块油布的故事，你还要用它去铺桌子，我就把它送给你。

我那时和你现在的年纪差不多，在病房当护士，人人都夸我态度好、技术高。

“有一天，来了两个重度烧伤的病人，一男一女，后来才知道他们是一对恋人，准确地说是新婚夫妇。他们相好了许多年，吃了很多苦，好不容易才盼到大喜的日子。没想到婚礼的当夜，一个恶人点燃了他家的房檐。火光熊熊啊，把他们俩都烧得像焦炭一样。我被派去护理他们，一间病房，两张病床，这边躺着男人，那边躺着女人。他们浑身漆黑，大量地渗液，好像血都被火焰烤成了水。医生只好将他们全身赤裸，抹上厚厚的紫草油，这是当时我们这儿治烧伤最好的办法。可水珠还是不断地外渗，刚换上的床单几分钟就湿透。搬动他们焦黑的身子换床单，病人太痛苦了。医生不得不决定铺上油布。我不断地用棉花把油布上的紫色汁液吸走，尽量保持他们身下干燥。别的护士说：‘你可真倒霉，护理这样的病人，吃苦受累还是小事，他们在深夜呻吟起来，像从烟囱中发出哭泣，多恐怖！’

我说：‘他们紫黑色的身体，我已经看惯了，再说，他们从不呻吟。’

别人惊讶地说：‘这么危重的病情不呻吟，一定是他们的声带烧糊了。’

我气愤地反驳说：‘他们的声带仿佛被上帝吻过，一点儿都没有灼伤。’

别人不服，说：‘既然不呻吟，你怎么知道他们的嗓子没伤？’

我说：‘他们唱歌啊！在夜深人静的时候，他们会给对方唱我们听不懂的歌。’

有一天半夜，男人的身体渗水特别多，都快漂浮起来了。我给他换了一块新的油布，喏，就是你刚才看到的这块。无论我多么轻柔，他还是发出了一声低沉的呻吟。换完油布后，男人不做声了。女人叹息着问：‘他是不是昏过去了？’我说：‘是的。’女人也呻吟了一声说：‘我们的脖子硬得像水泥管，转不了头，虽然床离得这么近，我也看不见他什么时候睡着什么时候醒，为了怕对方难过，我们从不呻吟。现在，他呻吟了，说明我们就要死了。我很感谢您，我没有别的要求，只请你把我抱到他的床上，我要和他在一起。’

女人的声音真是极其好听，好像在天上吹响的笛子。

我说：‘不行。病床那么窄，哪能睡下两个人？’她微笑着说：‘我们都烧焦了，占不了那么大的地方。’我轻轻地托起紫色的女人，她轻得像一片灰烬……”

老大妈说：“我的故事讲完了，你要看看这块油布吗？”

我小心翼翼地揭开油布，仿佛鉴赏一枚巨大的纪念邮票。由于年代久远，布面微微有些粘连，但我还是完整地摊开了它。

在那块洁净的豆青色油布中央,有两个紧紧偎依在一起的淡紫色人形。

心灵感悟

一对夫妻，也许他们没有风雨与共过，他们可能只是过了一段平淡乏味的生活。柴米油盐酱醋茶，简简单单寡味的日子。但是，一场意外让他们见识到了生活和生命的真谛。也许你觉得他们的生命历程太过于短暂了，没留下什么。但是他们留下了紫色人形，并影响着无数的人。

夏日的思念

那天真是巧得很。

我和他在火车上相遇，在同一座城市下车，住在同一个宾馆。办完住宿手续后，我匆匆为公司跑一笔业务，临近快吃晚饭时才一脸疲惫返回宾馆。

他来敲门，约我陪他去看一位女朋友。

我说：

"我累得饭都不想吃，哪有心思陪你看女朋友？"

他一动不动地站在那儿。看上去他的岁数不会超过60岁。

他有些难为情，说：

"姑娘，往少里说我也比你大好几十岁，我不是个坏人。我坐了一天一宿的火车就是想来看她一眼的。怕她老伴误解，陪我去一趟吧。"

他像个孩子般紧张而又可怜巴巴地望着我，唯恐我拒绝。他一再表白，这一生很少像今天这样求过人。

走在路上，他一直目不斜视走在我的前头。

默默行走了好长一段时间，才来到一个路口。问过信儿，站在一幢宿舍楼前，他跑进传达室，又兴奋地跑出来告诉我：

"她就住在2单元4楼。"

他简直是个让人捉摸不透的怪人。

路上他一直催我快走，可上到2楼时他却有些犹豫。上到3楼时他的步子乱得一塌糊涂。上到4楼，敲门时他的手抖得像风中的树叶，如同一块棉花落在那扇古铜色防盗门上，没有发出丝毫的响声。我正要过去帮他敲门，他抖颤的手快速离开那扇门，仿佛那扇门是一大块烧红的烙铁。他拉着我头也不回地向楼下跑去，一直跑到车水马龙的大街上才气喘吁吁地放慢步子。

大概他被我嘲讽的眼神刺痛，竟一迭声地说：

"你不懂。我们毕竟不是一代人啊。"

"你害怕她的老伴？"

"她的老伴三年前就去世了。"

"你为什么要骗我？"

"不骗你，你会陪我来？陪我走走吧。"

他眼睛一直凝视着前方。

我陪他走了一段路程。前边是个菜场。他围着菜场转了一圈，又转了一圈。我明白了他的意思。他一定是按她住的位置，知道她每天都要来这里买菜。怪不得刚才他坚持不坐出租车，非要走着来呢，他是因为这座城市里弥漫着她的气息，他是那样的留恋这座城市的每一条马路。我佯装不知。有些事埋藏在心中会变成浓香四溢的美酒，说出来就变成寡淡无味的白水。

天快黑的时候他站在路边，使劲儿摇了一下头，像是要驱赶脑子里的某种念头，说：

"今晚就走！必须走！不然和她同住一个城市我会发疯的。"

道过谢，他匆匆离我而去。

我站在陌生的大街上茫然四顾。

一位瘦削的老太太向我走来。

她说：

"姑娘，谢谢你陪他来看我。三年前我老伴去世时他就来过一回。那时候正是夏天，我家住在一个胡同里。我从窗户里望着他在月光下走来走去，一直走到天明。我就一直在窗户跟前望到天明。他没有勇气敲门，我更没勇气开门。"

"为啥要跟自个儿过不去呢？"

她长长叹口气，答非所问喃喃自语：

“这次来看我，他老伴提前打电话告诉过我。你和他在门外的说话声我都听到了。”

她似乎看出我满脸疑惑。

“当年我和他好得就像一个人。为一件鸡毛蒜皮的小事怄气，轻易分了手。这人呐！大半辈子生活在后悔中的滋味真不好受啊。”

“现在再生活在一起也不迟啊。”

“你哪里知道？他老伴是位多么善良的女人啊！”

她的眼里漫出了一层水雾。

她攥住我的手使劲儿晃了几下，就头也不回地走了。

尽管是在炎热的夏季，但我能感受得到她一双抖颤的手却凉得吓人。看来我们下楼时她就一直跟在后边。她是想悄悄多看他几眼啊。

回到宾馆，心情久久无法平静。

虽然我不知道他和她的名字，但我知道此时此刻他和她的心灵都无法安宁。哪怕是片刻的安宁。就连我这个局外人都无法入眠。

活在世上，想让心灵安宁下来是件多么不容易的事啊。

心灵感悟

夏日的思念，在两个年迈的老人间没有形状，没有接触。炎热的太阳不能温暖他们冰凉的手，因为，空气里弥漫着人的目光里透出来的凉意。他们所能做的，可能就是跟在背后多看几眼。然后，又是在炎热的阳光中默默地等待下一次遥遥无期的相遇。

与海伦·凯勒共进午餐

先生和我非常喜爱我们在意大利的房子。房子坐落在波多非诺的悬崖上，骄傲地俯视着崖下蓝色的海港。然而，我们的天堂中却暗藏危机——登上悬崖的小径。市政府不允许我们建一条适当的道路以取代现有的崎岖小径。唯一能够爬上狭窄小径、陡坡与坑洞的交通工具，是一辆在吉诺雅

买的美国军用吉普车。这部车既没有弹簧，也没有刹车。每次我们想停车都必须换到倒车档，然后靠着后方物体的阻力将车子停下来。

1950年夏季的某一天，我们的邻居康特莎·玛格·贝索兹（她因生活需要，也拥有一辆吉普车）打电话来说，她表姐和一位同伴刚刚抵达城里，但她的吉普车不巧坏了。她问我是否能开车去接那两位女士，她们正在史宾兰蒂多饭店望等着。

我问："我到了饭店该找谁？"

"海伦·凯勒女士。"

"谁？"

"海伦·凯勒女士，大海的海。"

"玛格，你指的不是那个海伦·凯勒吧？"

她说："当然是啊！她是我表姐，你不知道吗？"

我跑进车库，跳上吉普车，匆忙赶到山下。

我12岁的时候，父亲给了我一本安·苏利文写的关于海伦·凯勒的书。安·苏利文是一位值得称颂的女性，命运安排她成为海伦·凯勒这个又聋又盲的孩子的老师。安·苏利文通过教海伦说话，将这个叛逆、粗野的小孩教导为文明社会的一员。我仍然清楚地记得她与那个孩子进行身体战争的描述。她把海伦的左手放在水龙头下，感受流动的水，然后那个又聋又盲且不会说话的孩子终于喃喃地说出了历史性的一句话："水。"那真是最伟大的一刻。

多年来，我经常可以在报纸上读到关于海伦·凯勒的消息。我知道安·苏利文已不再陪伴她，现在有一位新的看护陪着她到世界各地旅游。开车下山的短短几分钟，还不足以让我相信我将与少年时代的偶像面对面的事实。

我将车子后退，抵着一堵墙停下来，然后走进旅馆。一个高个子、体型丰满、看起来朝气蓬勃的女人从饭店阳台的椅子上起身，跟我打招呼："我是波莉·汤森，海伦·凯勒的看护。"然后，又有一个人抓着她的手从她旁边的椅子上起身。70岁的海伦·凯勒是一个身材娇小、满头白发的女人，有着一双大大的淡蓝色眼睛，并总带着羞涩的微笑。

"您好！"她慢慢地说，略带喉音。

我抓住她的手。她把手伸得很高，因为她不知道我到底有多高。她第一次见陌生人的时候，都会犯这样的错误，但对同一个人，她从不会再犯同样的错误。后来我们道别的时候，她坚定地与我握手，位置刚刚好。

行李放进了吉普车的后部，然后我安顿心情愉快的汤森女士坐在行李旁边。旅馆的门童将海伦·凯勒抱上前座，我身边的座位。我到那时才想到我们正冒着很大的危险，因为吉普车是敞开的，没有让人稳稳抓住的东西。由于坡度与车子的情况，我开车登上陡坡时必须开得很快，到时我该怎样才能不让这个又聋又瞎的女士掉出这辆老旧的车子呢？我转向她说："凯勒女士，我必须先跟您说明——我们将开上一个很陡的山坡，请您抓紧挡风板上这片金属，好吗？"

但她仍带着期待的表情，直直地向前看。在我身后，汤森小姐耐心地说："她听不到你说的话，也看不到你，我知道你一开始很难适应。"真是尴尬极了，因为我结结巴巴的像白痴一样，希望能向她解释我们眼前的情况。整个交谈的过程，海伦·凯勒始终没有转头，也没有对这番拖延表示好奇。她始终挂着微笑，耐心地等着。汤森小姐抓起海伦的手，将她的手指很快地上下左右移动——用专用的语言转告她我刚说过的话。

海伦笑着说："我不介意，我会紧紧地抓着。"

我鼓起勇气，抓住她的手，放在她面前的那块金属上。她快乐地大叫："准备好了！"我开动吉普车上路了。吉普车开动的时候，晃了一下，汤森小姐从她的位子上掉了下来，压在行李上。我不能停车帮她，因为眼前的斜坡很陡，而我的车子又没有刹车。我们急速地向上行驶，我目不转睛地盯着狭窄的小径，而汤森小姐就好像芒刺在背般的无助。

我用这辆吉普车载过很多乘客，他们每个人都抱怨这辆车子没有弹簧让他们极不舒服。也难怪，路是这样的坑洼不平，更别提越过橄榄树旁那个急转弯了，那棵树半挡在急速下降的陡坡，把很多客人都吓坏了。海伦是第一个不注意这些危险的客人，她深深地被那些剧烈的震动吸引着。每次她被弹起、撞上我的肩膀时都大笑出声，还会大声地欢呼："太好玩了！太棒了！"她快乐地大声说话，一边不时地上下震荡。

我们以飞快的速度越过我的房子，我的眼角瞥见我家的园丁吉欧赛普在胸前画十字。我实在不知道汤森小姐现在到底怎样了，因为吉普车吓人的声音早盖过她的惊叫声，但我知道海伦仍坐在我旁边。她稀薄的白发已经被吹乱了，盖住了她的脸，不过她仍旧享受着这趟疯狂的车程，就像骑着旋转木马上下震动的小孩一样。

最后，我们穿过两棵无花果树中间的弯路，看见玛格和她的丈夫正站在前门等着。海伦被抱下车，接受拥抱，汤森小姐慌乱地拍掉身上的灰尘。

我被邀请与他们共进午餐。两位年长的女士被领至她们的房间梳洗时，玛格告诉我她表姐的故事。海伦的名字在全世界流传，每一个文明国家的大人物都渴望见到她，并为她做些事。国家元首、学者与艺术家竞相接见她，而她也到世界各地旅行，以满足自己旺盛的好奇心。

玛格说："但别忘了，她唯一能够知道的只有气味的改变。不管她是在这儿、在纽约或在印度，她都如同处在一个黑暗、无声的洞穴里。"

就像平常一样，两位女士挽着胳膊（像志同道合的战友一样）走过花园，来到阳台。我们正等着她们。海伦说："这一定是紫藤，一定有很多的紫藤，我闻得出它的味道。"

我过去摘下大把围着阳台的紫藤花，放在她腿上。"我就知道！"她开心地大声说着，一边摸着花。

当然，海伦的声音和平常人不同。她说话断断续续，而且音调很慢、很长。她转向我，直直地看着我，因为她知道我坐的位置。"你知道吗，我们正要到佛罗伦萨看米开朗基罗的大卫。我好兴奋啊！我一直都想看大卫像。"

我疑惑地看着汤森小姐，她向我点点头。

她说："是真的。意大利政府在雕像旁边架了台子，所以海伦可以爬上去触摸，那就是她所说的'看'。我们常去纽约的戏院，我会告诉她舞台上在演什么，并描述演员的样子。有时候我们也会到后台，这样她就可以'看'到场景还有演员们。然后她会觉得自己亲眼看过表演了。"

我们讲话的时候，海伦就坐在一旁等待着。有时候，当我们的谈话太长，她会抓着她朋友的手询问，但一直都很有耐心。

我们在阳台上用午餐。海伦被领到她的椅子上，我看着她"看"自己餐具的摆设。她很快但很轻柔地用手摸摸餐桌上的盘子、玻璃杯和刀叉，记下它们的位置。用餐期间，她都没有找过什么东西，她就像普通人一样，自在、肯定地使用餐具。

午餐之后，我们留在阴凉的阳台上。包围着阳台的大片紫藤就像厚重的帘幕一样，阳光将海水照得无比灿烂。海伦像平常一样坐着，头微微抬起，好像她正在聆听别人的谈话，而她淡蓝色的眼睛则睁得大大的。虽然她的脸上布满岁月的痕迹，但她脸上却总带着一抹小女孩的天真。不管她曾遭遇过什么痛苦——我想她仍经历着许多痛苦——都不会在她脸上留下痕迹。那是一张与世隔绝的脸，一张圣洁的脸。

我通过她的朋友问她，她在意大利还想看些什么。她慢慢地打开她的意大利日记，我看到她想看的东西与她想拜访的人都记在上面。令人惊讶的是，她法文讲得很好，还懂得德文与意大利文。当然，雕塑是她最喜欢的艺术形式，因为她可以触碰它，并获得第一手的经验。

她说："我还有好多东西想看，好多东西要学，然而死亡就在我面前了。但我一点儿也不担心，我的感觉正好相反。"

我问："你相信投胎转世的说法吗？"

她强调地说："绝对相信，那就像从这个房间到另一个房间去一样。"

我们静静地坐着。

突然间，海伦又说话了。她缓慢但很清楚地说："但对我来说却有所不同，你知道吗？因为在另一个房间里，我应该会看得到。"

不管她曾遭遇过什么痛苦——我想她仍经历着许多痛苦——都不会在她脸上留下痕迹。那是一张与世隔绝的脸，一张圣洁的脸。

榴莲的哲学

我初次见到真正的榴莲是在昆士区的亚洲超市里。那生满长刺的绿色大球异于我见过的任何东西，却又有似曾相识之感。它就像内心深处的我，洒脱、野性，却又强悍，令人生畏。收银的华人女孩小心翼翼地抓住它的茎，称过重量，用报纸层层裹了起来，方才放入购物袋中。

我吃力地提着它走下地铁，等候前往曼哈顿的车。坐在拥挤的地铁车

厢，我打开购物袋看了一下这买来的怪东西，那美妙的陌生感顿时迷住了我。我抬起头，车厢内所有的眼睛都在看着我，仿佛我是什么怪物。我小心地把榴莲用报纸包起来放回袋中，觉得自己像在冒险。

一连几天，榴莲太平无事地躺在案板上，我才明白它不会自动变色或变软。我找出家里最大的一把刀，挥刀劈开榴莲坚韧的外壳。榴莲里面呈现出几条天然的裂缝，我用刀撬开一条裂缝，一个小格呈现在眼前，里面是奶油冰激凌般淡黄色的果肉。它的味道之美简直无法描述。我一口气吃了个饱。

从那以后，每到榴莲上市的季节，我便不断地买回家。我对自己开榴莲的本领非常自豪，每次女友淑嫒来我家，我就给她表演一出“大战犀牛杀手”的好戏。开榴莲的诀窍在于利用里面的裂缝，外壳劈开后，把刀插入裂缝便迎刃而解。这些裂缝的奇特之处在于，在打开外壳之前，从外面看不出一点迹象。对我来说，更增添了榴莲的神秘感。

后来我灵机一动，如果从外部施压，也许那些看不见的裂缝会扩大到表面。于是我把榴莲放在案板上，将手指按在没有刺的地方用力掰。但是什么都没发生。我把榴莲翻来覆去，终于掰出一道裂缝，再把手指插入裂缝，用尽全力，磨得手上鲜血直流，终于把榴莲掰开了。

我和淑嫒结婚后搬到了台湾。榴莲上市后，我在超市里看到了在纽约从未见过的情景，货架上一些熟透的榴莲自己裂开了。售货员想让我买一个这样的，但是我嗅了嗅，觉得可能熟过了，于是选了一个果皮完好无损的。次日清晨我一醒来，便闻到满屋的榴莲香味。来到厨房，我发现榴莲壳上裂开了一个小缝，我只用了很小的力气，榴莲便破开了。多年来，我从没想过让榴莲自己裂开。艺术的极致在于无为——让事情自然而然地发展，往往会得到最好的结果。

下一次买回榴莲，我把它放在厨房里，然后一天天等下去。每次走进厨房，我总是忍不住检查一下榴莲，但是没有一点裂开的迹象。直到有一天晚上回到家，我刚打开公寓的门，淑嫒便笑着迎上来问：“你闻到榴莲的味道了吗？”

起居室里充满了榴莲的气味，它的美味胜过以前所有的榴莲。因为它完全地成熟了，我对榴莲的理解也成熟了。

心灵感悟

巴尔扎克说过，爱情不单是一种感情，它同样是一种艺术。爱情是一种植物，它需要在冬天里播下诚实的种子，春天里开出灿烂的鲜花，夏天里长成美丽的大树，秋天里才能收获醉人的果实。任何事物都是这样，都有自己运动的轨迹，都有自己成长的规律，“让事情自然而然地发展，往往会得到最好的结果”——这就是榴莲的哲学。

把自卑消灭掉

许多人以为，胆大妄为是18岁的人最为严重的问题，但我的经验却恰好相反。我发现，过分的羞怯和深深的自卑感，才是中国人在20岁之前的真正问题。

自卑者总是能不停地找出优胜者的优胜之处，然后拿它们同自己的薄弱环节相比。于是，站在球场上看到别人动作灵活，我们便为自己笨得像牛而黯然神伤。

比起优等生，我们总是记不住乱七八糟的定理，在不算复杂的逻辑演绎中，我们感到头晕目胀。可是为什么不告诉自己“你也有长处”？且不说我们各自都有两出拿手好戏，就是我们的自卑性格本身不是也可以变成长处吗？内向的人，听的比说的多，易于积累；敏感的神经易于观察，长期的静思使得我们情感细腻；而温和的性情，极得人缘，这一切不是很适合我们置身于幕僚、顾问或者作家的位置上吗？罗斯福在短促无备的小冲突中，常常张口结舌，尴尬万分，但他却能力挽狂澜。萨特也是个数学上的笨蛋，但他却得了诺贝尔文学奖，并且堂而皇之地加以拒绝。

阿德勒说：“我们每个人都有不同程度的自卑感，因为我们都发现自己所处的地位是我们希望加以改进的。”当我们发现别人也有各自的隐痛时，自己被自卑折磨的程度似乎会轻一些，特别是当我们读大人物的传记时，我们会惊喜地发现，他们在青年时代曾有过和我们类似的自卑感。我们顿感欣慰，觉得自己还有救。

高中生尹告诉我，无论在车站等车，还是走进教室，他总是觉得有许多人在盯着他，挑剔他。为此，他处处不自在，坐卧不安，站立不稳，走路时也不自然。淹没在这种情绪中的原因是综合性的，这是自卑青年的共同特征。如果无力改变穿戴陈旧的不合体的服饰，留自己不喜欢的发型，我们就会怀疑别人在嘲笑自己土气。如果认为自己不漂亮，驼背、脖子长或腿短，也会感到周围的人把自己当成了怪物。但实际上，这些幻觉就像早发性痴呆症一样，不难破除。

如果我们提醒自己："不必太在意。"我们就会像一般人一样，恢复常态。如果我们的理智更进一步，告诉自己说："没人注意你！"我们便会更加轻松。事实也是如此，人们的目光通常是落在最美或最丑的事情上的，最容易忽略恰好是一般化的人和事。我们没有穿绫罗绸缎，也没有麻布加身，既不是美人，也不是丑八怪，因此我们身上没有过于吸引人的东西。至于我们的内心世界，只有我们自己才会知道。此外，我们可以多交些朋友，与他们时常往来，或者坚持几种高强度的竞技锻炼，最终会连根儿拔去那些怕人知道的心病。

自卑者全部是信心不足，一旦遇到挫折，情绪会更加低落。我们常常羞于放声开口，连贯地表达自己的思想。在开会、上课时，不敢坐在前排，不敢在大庭广众下行动自如。就连敲别人门的时候，也惴惴不安。别人无心的一句话，会让我们想上很长时间。但是，如果我们不想与公众生活脱节，我们就该催促自己说："不妨试试看！"还是不必太在意，而且不要把目标定得太高，把每一件事缓缓地做完，并适当地把旁观者当成傻瓜。如此坚持做完一两件事，我们就会发现，招摇过市实在不是什么难事。

最关键的是，一定要让自己明白："错了没关系。"如果我们强求完美，情况会很糟，假如放弃尽善尽美的标尺，我们反而会得心应手。

心灵感悟

自卑是绊脚石，阻碍前进的步伐，搬掉它，才能健步如飞；自卑是堵墙，将理想和成功阻隔，推倒这堵墙，理想才能实现，成功才会向……世上只有完美的理想，从来没有完美的现实，我们只有丢下完……才能触摸到生活的真实高度。